别怕，
Excel函数
其实很简单（第2版）

Excel Home

著

人民邮电出版社

北　京

图书在版编目（CIP）数据

别怕，Excel函数其实很简单 / Excel Home著. -- 2
版. -- 北京 : 人民邮电出版社，2025.3
ISBN 978-7-115-63560-0

Ⅰ. ①别… Ⅱ. ①E… Ⅲ. ①表处理软件 Ⅳ.
①TP391.13

中国国家版本馆CIP数据核字(2024)第019279号

内 容 提 要

运用先进的数据管理思想对数据进行组织管理，运用强大的 Excel 函数与公式对数据进行统计分析，是信息时代职场人士的必备技能之一。

本书用浅显易懂的语言以及大量实际工作中的经典案例，介绍 Excel 函数与公式在逻辑运算、数据计算与统计、文本处理、数据查询等方面的应用，最后介绍公式出现错误的解决方法。

本书适合希望提高办公效率的职场人士，特别是经常处理、分析大量数据并制作统计报表的相关人员阅读，也可供各类院校相关专业的师生参考和学习。

◆ 著　　　　Excel Home
　　责任编辑　马雪伶
　　责任印制　胡　南
◆ 人民邮电出版社出版发行　　北京市丰台区成寿寺路 11 号
　　邮编　100164　　电子邮件　315@ptpress.com.cn
　　网址　https://www.ptpress.com.cn
　　廊坊市印艺阁数字科技有限公司印刷
◆ 开本：800×1000　1/16
　　印张：15.25　　　　　　　　2025 年 3 月第 2 版
　　字数：265 千字　　　　　　　2025 年 11 月河北第 3 次印刷

定价：69.80 元

读者服务热线：(010)81055410　印装质量热线：(010)81055316
反盗版热线：(010)81055315

本书是畅销图书《别怕，Excel 函数其实很简单》的升级版，借助生动形象的漫画和浅显易懂的语言描述 Excel 函数与公式中看似复杂的概念和算法，并辅以实战案例来展示函数应用技巧和公式编写思路。

本书遵循实用为主的原则，深入浅出地介绍 Excel 函数的计算原理和经典应用。本书的写作风格极具特色，在同类图书中并不多见。

本次升级并非简单的 Excel 版本更新，而是对知识点的选取、知识框架的梳理、细节的讲解进行了全面优化。简而言之，相比上一版本，本书内容对初学者更加友好、实用性更强，案例与时俱进。

在本书问世之际，以 ChatGPT 为代表的 AIGC 工具已经逐渐为大众所熟知，甚至最新版本的 Excel 已经嵌入 Copilot 这样的 AI 服务。这些 AI 工具或服务，可以缩短用户了解和学习知识的过程，在一定程度上取代传统的搜索引擎，它们甚至能根据用户的需求辅助用户编写公式，以至于有观点认为像 Excel 函数这样的知识无须再学习。

我们一直关注 AI 技术在办公领域的应用，可以明确地说，"有了 AI 就无须再学习"这类的观点，要么是臆想，要么是不负责任的胡言乱语。当前阶段的 AI，定位于人类的助手，其能力的上限由使用者的能力决定。所以，用户自身的 Excel 技能水平越高，能从 AI 获得的帮助就越多，而一个 Excel "小白"，恐怕连描述清楚需求都十分困难。

函数作为 Excel 最重要的功能之一，仍然需要用户主动学习，加以理解和掌握，尤其是理解函数与公式运算的底层逻辑，掌握数据体系构建的原理，因为这些是学习其他数据处理工具（如 Power BI）以及使用 AI 的基础。

读者对象

"表哥"或"表妹"，长期以来被无穷的数据折磨得头昏脑涨，希望通过学习函数与公式来进一步提升数据统计能力；大中专院校的学生，有兴趣学习强大的 Excel 函数与公式的用法，为自己锻造一把职业技能"利剑"。

当然，在阅读之前，你得对 Windows 操作系统和 Excel 有一定的了解。

软件版本

本书内容适用于 Excel 2024/2021/2019/2016 等主流版本。

使用 Excel 其他版本的用户不必担心，因为书中涉及的知识点在这些版本中基本上同样适用。

作者与致谢

本书由周庆麟策划及统稿，由罗国发与周庆麟共同编写，由祝洪忠、路丽清进行审核。

Excel Home 专家作者团队全体成员、Excel Home 论坛管理团队和培训团队长期以来都是 Excel Home 图书的坚实后盾，他们是 Excel Home 中最可爱的人，在此向这些可爱的人表示由衷的感谢。

衷心感谢 Excel Home 论坛的 500 万会员，他们多年来不断的支持与分享，成就了今天的 Excel Home 系列图书。

衷心感谢 Excel Home 微博的所有粉丝、Excel Home 微信公众号和视频号的所有关注者，以及抖音、小红书、知乎、哔哩哔哩、今日头条等平台的 Excel Home 粉丝，你们的支持是我们不断前进的动力。

后续服务

在本书的编写过程中，尽管我们未敢稍有疏虞，但纰缪和不足之处仍在所难免。敬请读者提出宝贵的意见和建议，你的反馈是我们继续努力的动力，本书的后继版本也将更臻完善。

你可以访问 Excel Home 论坛，与更多的函数学习者交流函数与公式的使用技巧。如果对图书内容有疑问，你可以发送电子邮件到 book@excelhome.net，我们将尽力为你服务。

欢迎关注我们的官方微博（@Excelhome）和微信公众号（Excel 之家 ExcelHome），我们会发布很多优质的学习资源和实用的 Office 技巧，并与大家进行交流。

周庆麟

目录

第 1 章 函数与公式多能干？我们一起来看看

第 2 章 要学函数与公式，这些概念得掌握

第 3 章　判断选择不简单，用对函数并不难

第 **4** 章 这些函数若掌握，数据计算变简单

第 5 章 文本处理虽复杂，能用函数应付它

第 6 章　查询数据常遇到，公式套路要记牢

第 **7** 章 公式计算不正确，查找错误有妙招

第 1 章　函数与公式多能干？我们一起来看看

Excel 本是骏马，但能否日行千里，全看你怎么驯导。

有人驯导得很勤，不辞辛劳地在广袤的草原里来回奔跑；有人把马当作骡子使唤，而且乐此不疲，令人啼笑皆非。

这一章，我想先讲一些关于 Excel 的故事，让大家看看学好 Excel 函数与公式的好处。

本章分享的是一些我见过或亲身经历的事，在这些以讲故事为主的内容中，你不必花太多时间去研究案例中的函数或公式，带着听故事的心态快速阅读即可。

我只希望通过这些故事让你明白：在 Excel 中，面对相同的任务，采用不同的做法，效率可能存在天壤之别。

1.1 你以为我很厉害？不，我其实也这样窘过

1.1.1 大家习惯了低效的计算方法

在学校里，用来记录学生考试成绩的表格通常如图 1-1 所示。

	姓名	年级	班级	语文	数学	英语	总分
1	姓名	年级	班级	语文	数学	英语	总分
2	杨建林	2019级	3班	99	99	99	297
3	郭小东	2018级	2班	99	93	98	290
4	杨昆云	2019级	2班	90	98	95	283
5	何美瑛	2018级	1班	99	98	83	280
6	杨丽明	2019级	3班	90	99	89	278
7	邹可仪	2019级	1班	83	97	95	275
8	李淑珍	2019级	3班	97	95	83	275
9	肖湘玲	2017级	3班	94	82	99	275
10	李绍林	2018级	2班	83	93	99	275
11	陈郁蓉	2017级	1班	99	91	85	275

图 1-1

在分析成绩时，平均分是一个重要的指标，通常需要保存在图 1-2 所示的表格中。

	年级	班级	语文平均分	数学平均分	英语平均分
1	年级	班级	语文平均分	数学平均分	英语平均分
2	2017级	1班			
3	2017级	2班			
4	2017级	3班			
5	2018级	1班			
6	2018级	2班			
7	2018级	3班			
8	2019级	1班			
9	2019级	2班			
10	2019级	3班			

图 1-2

我以前是这样做的：先筛选出某个班级的数据，选中保存学科成绩的区域，在【状态栏】中查看选中数据的平均值，如图 1-3 所示，再将平均值输入保存结果的表格中。

图 1-3

当时这种求平均值的方式很流行。于是，我经常听到这样的声音：

我们班的平均分是多少？帮我"拖一下"看看。

大家口中的"拖一下"，指的是拖曳鼠标，选中保存数据的区域。选中区域后，可以在【状态栏】中查看平均值，这是大家习惯的操作方法，甚至很多人从来没有想过这些问题：

要求平均分，Excel 只能这样算吗？

全校有 42 个班，每个班有 8 门学科，这样算会不会太麻烦了？

后来我知道，其实这个问题对 Excel 来说是极为简单的，解决的方法也很多，如果懂点儿 Excel 函数，使用一个公式就能解决，如图 1-4 所示。

图 1-4

你可能觉得这个公式很厉害，但它只是 Excel 中一个普通的公式，还不足以展现 Excel 计算能力的强大。

1.1.2 那时候，我以为这种查询数据的方法很高明

某天，领导交给我一个紧急的任务，要求大概是这样的：在一个 Excel 工作簿的两张工作表中保存了 2000 多名人员的信息，其中第一张表保存工号、姓名和身份证号，第二张表保存工号、姓名和社保号。两张工作表的数据量、数据顺序都不同，领导让我根据工号在第二张表中查询社保号并填入第一张表中，如图 1-5 所示。

图 1-5

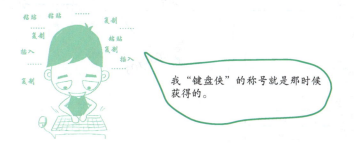

我当时用的是"查找→复制→粘贴"的操作方法，花了整整两天时间。

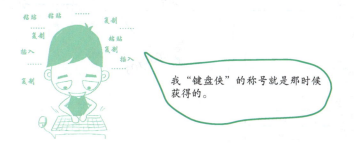

我"键盘侠"的称号就是那时候获得的。

后来我才知道，不管有多少条记录，都可以使用 VLOOKUP 函数来解决，并且耗时基本不会超过一分钟，如图 1-6 所示。最重要的是，无须对数据进行排序或做其他处理，后期修改表中数据后，公式结果还会自动更新。

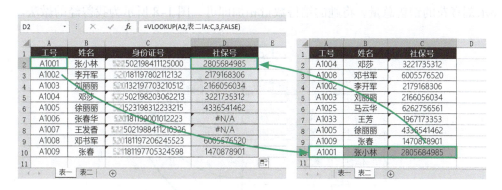

图 1-6

1.2 认清自己后，我踏上了"小白的逆袭之路"

1.2.1 你是否也觉得学得越多，懂得越少

我曾经认为自己是懂 Excel 的，至少能达到中等的水平。毕竟在上学时，学校开设了 Office 的课程。但现实往往"打脸"。

参加工作之后，经常需要借助 Excel 处理各种数据计算的问题，比如图 1-7 所示的这个例子。

	A	B	C	D	E	F	G
1	日期	销售员	销售数量		销售员	销售总量	
2	4月1日	李二平	246		刘春花		
3	4月1日	刘春花	75				
4	4月1日	吴华	58				
5	4月1日	张三丰	201				
6	4月2日	李二平	253				
7	4月2日	刘春花	203				
8	4月2日	吴华	329				
9	4月2日	张三丰	107				
10	4月3日	刘春花	105				
11	4月3日	吴华	189				
12							

75+203+105

求销售员刘春花的销售总量，将结果填入F2单元格。

图 1-7

要求刘春花的销售总量，将她的销售数量相加即可，图 1-8 所示为我曾经的做法。

F2		× ✓ fx	=C3+C7+C10			
	A	B	C	D	E	F
1	日期	销售员	销售数量		销售员	销售总量
2	4月1日	李二平	246		刘春花	383
3	4月1日	刘春花	75			
4	4月1日	吴华	58			
5	4月1日	张三丰	201			
6	4月2日	李二平	253			
7	4月2日	刘春花	203			
8	4月2日	吴华	329			
9	4月2日	张三丰	107			
10	4月3日	刘春花	105			
11	4月3日	吴华	189			

图 1-8

在很长一段时间里，我都认为这种做法没有任何问题，直到有一天，我写出了图 1-9 所示的公式，才对这种做法产生了怀疑。

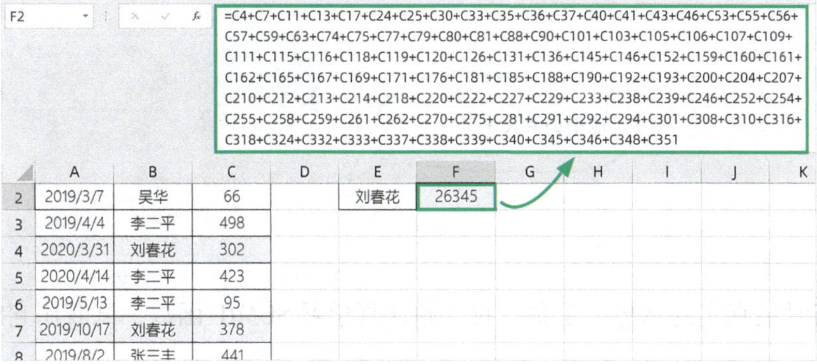

图 1-9

这么长的公式，如果输入的时候小手一抖，那……

不易输入，容易出错，通用性差……应该会有更好的解决方法吧？

于是，我带着问题到处求助，Excel Home 论坛的一位热心网友帮我写了一个公式，如图 1-10 所示。

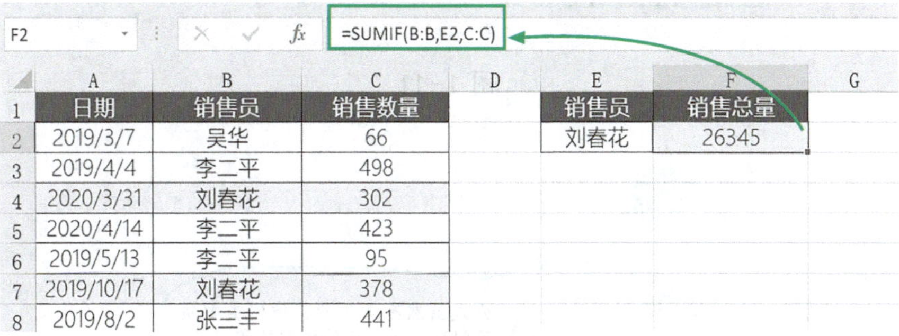

图 1-10

这个公式不但能完成计算，而且修改表中的数据后，Excel 会自动更新计算结果。甚至，当我将"刘春花"更改为其他名字后，也能求出对应的结果。

这是我当时最真实的感想。于是，我开始认真学习 SUMIF 函数，试着用它解决各种条件求和的问题。

哪怕数据保存在同一个工作簿的多张工作表中，要求指定人员的销售总额，使用 SUMIF 函数也能应对，如图 1-11 所示。

分别求出 B 列中指定销售员 1 月到 12 月的销售量，
再将每月的销售量相加得到全年的销售总量。

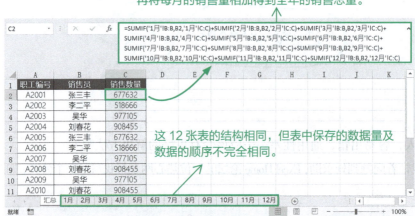

图 1-11

公式虽然有点儿长，但完美解决
了问题。为自己的机智鼓掌。

到这里，我以为我已经彻底认识、了解 SUMIF 函数，并能熟练地使用它解决各种条件求和问题了。但是后来才发现我又一次高估了自己，因为针对这个问题，我见到了更优秀的解决方案，如图 1-12 所示。

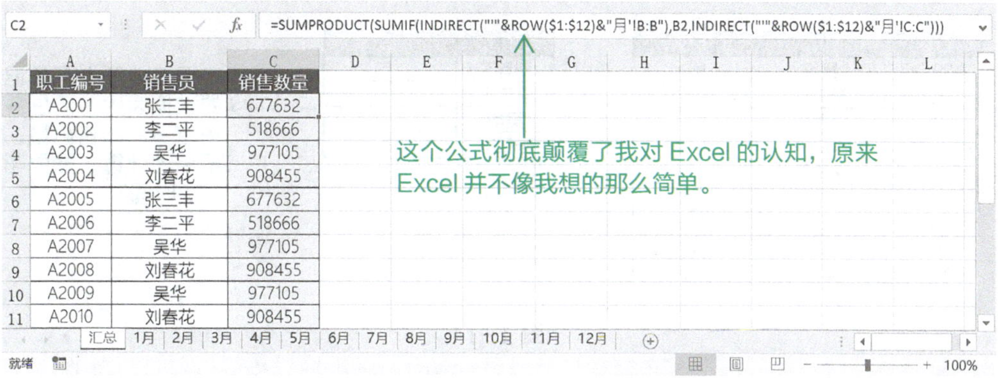

图 1-12

我也相信，每个 Excel 用户都一定有过类似的不堪回首、令人啼笑皆非的经历，也正是这些经历和后来的醒悟激发了我们好好学习 Excel 的决心。

1.2.2　为什么要学习 Excel 函数与公式

其实，对多数人来说，使用 Excel 就是为了解决这样或那样的数据计算问题。在这方面，函数与公式具有明显的优势。

🟢 公式计算快速，结果精准

如果 Excel 没有公式，所有数据计算都需要手动完成，这势必会增加用户解决问题的工作量和难度。比如，就图 1-13 所示的数据而言，如果不使用公式，你会怎样求"刘春花"的销售总量？

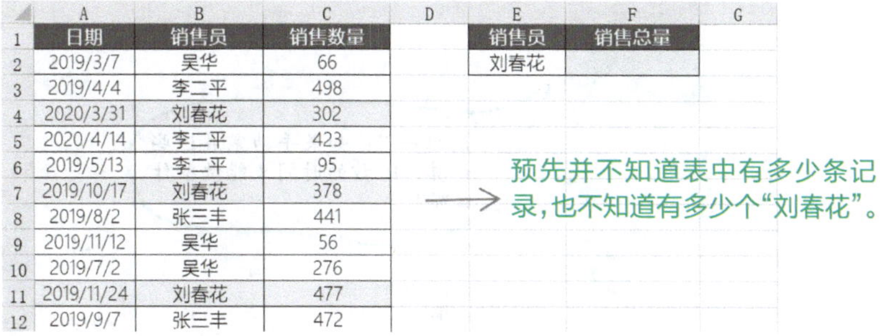

图 1-13

如果这个问题再复杂一些，如图 1-14 所示，又该如何处理呢？

	A	B	C	D	E	F	G
1	日期	销售员	销售数量		销售员	销售总量	
2	2019/3/7	吴华	66		刘春花		
3	2019/4/4	李二平	498		李二平		
4	2020/3/31	刘春花	302		吴华		
5	2020/4/14	李二平	423		张三丰		
6	2019/5/13	李二平	95				
7	2019/10/17	刘春花	378				
8	2019/8/2	张三丰	441				
9	2019/11/12	吴华	56				
10	2019/7/2	吴华	276				

在拥有成千上万条记录的数据表中，汇总多个销售员的销售总量，如果手动计算，需要花费多少时间？

图 1-14

也许你能想出多种解决问题的策略，但使用 Excel 的公式来计算无疑是一种极佳的方案，如图 1-15 所示，这一点相信你已经深有体会。

F2		× ✓ fx	=SUMIF(B:B,E2,C:C)				
	A	B	C	D	E	F	G
1	日期	销售员	销售数量		销售员	销售总量	
2	2019/3/7	吴华	66		刘春花	26345	
3	2019/4/4	李二平	498		李二平	19212	
4	2020/3/31	刘春花	302		吴华	27716	
5	2020/4/14	李二平	423		张三丰	19429	
6	2019/5/13	李二平	95				
7	2019/10/17	刘春花	378				

图 1-15

针对这个问题，只要在 F2 单元格中输入公式"=SUMIF(B:B,E2,C:C)"，再将公式复制到 F3:F5 单元格区域中，所有的计算任务就完成了。

如果你对 SUMIF 函数足够熟悉，相信成功写出这个公式花费的时间不会超过 10 秒。

试想一下：如果手动完成这些计算，10 秒的时间又能做些什么呢？

● 表中数据联动，自动更新

手动计算再把结果填入表中，如果参与计算的某个数据发生变动，就需要手动重算、更新表中的结果。

但如果使用 Excel 公式解决，这个问题就不存在了，因为修改数据后，公式会自动重算，并在表中更新其计算结果。

● 公式设置有套路，简单易学

Excel 的公式就像数学里的算式，每个公式解决一个问题。

对于某个问题，只要掌握解决它的思路和算法，并按思路使用运算符或函数，将各个数据或计算式组合起来，就能得到解决该问题的 Excel 公式。而且对于 Excel 中的函数，只需要提供参与计算的数据，它就能自动完成计算。

所以，学习 Excel 公式，不但门槛低，而且简单。

正因为存在这些优势，Excel 函数与公式才会成为众多 Excel 用户学习的热门内容，备受欢迎。在 Excel Home 技术论坛的 Excel 函数与公式板块，有 50 多万篇帖子讨论函数与公式的用法，这些都是你学好函数与公式的宝贵资源。

所以，如果要学习函数与公式，没事的时候就多去 Excel Home 论坛浏览相关内容。

第 2 章 要学函数与公式，这些概念得掌握

拿到一个 Excel 公式，你可能会从中发现许多陌生的符号，无法理解它计算的原理。是的，在学习新知识的过程中，总会遇到一些弄不明白的地方，我们对 Excel 公式感到陌生，是因为对组成公式的要素还不够了解。

所以，静下心来了解与公式有关的概念，弄清楚学习过程中遇到的每个问题，是学习 Excel 函数与公式的必经之路，也是自我提升的绝佳途径。

下面先来了解一些与公式有关的基本概念。

也许你会觉得学习这些内容有些枯燥，甚至会觉得实用性不强，但是它们对学习和理解 Excel 公式十分重要。我不建议你在学习时跳过本章内容，但你可以不必对本章介绍的每个知识点都仔细"咀嚼"，完全"消化"。你可以先掌握一些基本的内容，大概了解有关的定义，待到后续学习中遇到问题时，再回过头来仔细地研究。

2.1 公式并不神秘，它只是一个能自动计算的表达式

简单地说，在 Excel 中，**公式就是以英文半角等号开头，为完成某个任务而设定的、能自动计算的表达式。**公式通常写在单元格中，由等号和计算式两部分组成。

比如，"=1+2+3+4+5"就是一个 Excel 公式，用于求 1 到 5 的自然数之和。

> Excel 公式与数学算式好像没什么区别。

的确如此，Excel 的公式只是数学算式的另一种写法。对于公式，Excel 会按设定的规则自动进行计算，当在某个单元格中输入"=1+2+3+4+5"，按 \<Enter\> 键后，就可以在该单元格中得到 1 到 5 的自然数之和，如图 2-1 所示。

图 2-1

> 如果在此之前，你对 Excel 中的公式一无所知，那么可以试一试更改上面公式中的数据或运算符，再查看公式的结果发生了哪些变化。这可能会让你更好地认识和了解 Excel 的公式。

Excel 中的公式分为普通公式、数组公式和命名公式（定义为名称的公式）。

多数人只接触和使用过普通公式，对其他公式（特别是数组公式）了解不多。虽然公式有以上几类，但现在你不必急于知道它们之间的区别，甚至可以忽略这种分类，必要的时候，我们再详细介绍它们。

在本书中，我们主要学习的是普通公式。

2.2　熟悉这些内容，编写公式才能得心应手

2.2.1　一个完整的公式，可能会包含这些信息

图 2-2 所示为一个从身份证号中提取出生日期信息的例子。

| B2 | ▼ | ：| × | ✓ | *fx* | =TEXT(MID(A2,7,8),"0-00-00") |

	A	B	C	D
1	身份证号	出生日期		
2	181199712245222	1997-12-24		
3	181197607085221	1976-07-08		
4	181199802205224	1998-02-20		
5	181197208105223	1972-08-10		
6	181199603145222	1996-03-14		
7	181199802065225	1998-02-06		
8	181199707201794	1997-07-20		
9	526196810181252	1968-10-18		
10	181199508085225	1995-08-08		
11	181199803105233	1998-03-10		
12				

图 2-2

下面我们以这个公式为例来看看一个公式中可能会包括哪些信息，如图 2-3 所示。

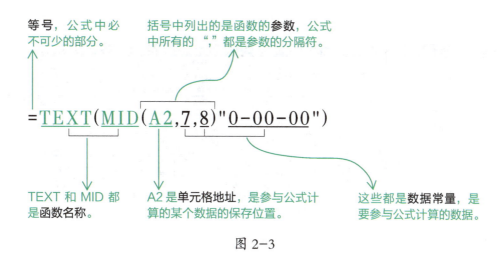

图 2-3

Excel 中所有的公式都与此类似：**必须以等号开头**，可能包含运算符、数据常量（如数值、文本、日期、逻辑值等）、单元格地址、函数等内容。你可以借助表 2-1 中的例子来理解公式的组成。

表 2-1 公式及其组成

公式	公式的组成
=(20+50)/2	等号，常量 20、50 和 2，运算符 /
=A1+B2	等号，单元格地址 A1、B2，运算符 +
=SUM(A1:A100)/6	等号，函数名称 SUM，单元格地址 A1:A100，运算符 /，常量 6

2.2.2 数据也有自己的"小团伙"

● 所有能保存在工作表中的信息都是数据

在 Excel 中，**所有能保存在工作表中的信息都是数据**，无论这些信息是文字、字母还是数字，甚至一个标点符号都属于数据。

图 2-4 所示的表格中所有的信息，包括订单日期、订单时间、收货人、订单编号、商品名称、订单金额等都是数据，都可以用 Excel 的公式进行计算或分析等处理。

订单日期	订单时间	收货人	订单编号	商品名称	订单金额
2020/4/25	16:58:01	函欣悦	20200425165801275390	Excel 2013数据透视表应用大全(彩版)	126
2020/4/26	10:50:27	中棠华	20200426105027312778	Excel 2016 数据透视表应用大全	74.25
2020/4/29	18:06:10	沃竹月	20200429180610228447	VBA其实很简单+VBA实用代码2册合本	134.25
2020/4/30	1:47:34	钦兰梦	20200430014734237640	Excel 2013应用大全	74.25
2020/5/5	0:18:52	载思真	20200505001852054357	Excel 2010数据透视表应用大全	59.25
2020/5/10	18:14:04	甘怜双	20200510181404166548	Excel 2016函数与公式应用大全	89.25
2020/5/14	10:42:04	闪嫒	20200514104204281600	Excel 2013数据透视表应用大全(彩版)	126
2020/5/21	11:41:31	本绿柳	20200521114131304741	别怕，Excel 函数其实很简单2	44.25
2020/5/21	15:34:28	伊采莲	20200521153428555814	别怕，Excel VBA其实很简单（第2版）	44.25
2020/5/26	12:08:01	府悠雅	20200526120801432204	VBA其实很简单+VBA实用代码2册合本	134.25
2020/5/27	22:17:36	仁和暖	20200527221736077809	Excel 2013应用大全	74.25
2020/5/30	10:19:54	依初彤	20200530101954297732	VBA其实很简单+VBA实用代码2册合本	134.25
2020/5/30	11:16:21	隆秀娟	20200530111621454794	别怕，Excel 函数其实很简单2	44.25

图 2-4

认清数据的类型，才能知道要用什么方法计算或分析它

为了便于管理，Excel 会根据数据的特征对其进行分类，如图 2-5 所示。

图 2-5

在 Excel 中，数据可以分为文本、数值、日期和时间、逻辑值、错误值这 5 类，不同类型的数据及特征如图 2-6 所示。

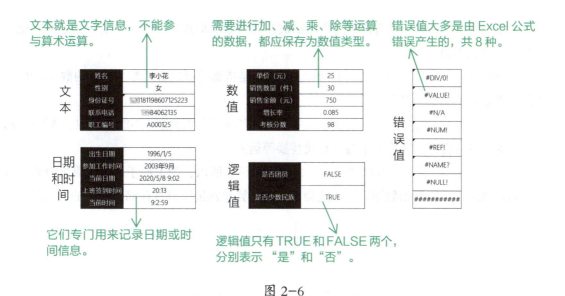

文本就是文字信息，不能参与算术运算。

需要进行加、减、乘、除等运算的数据，都应保存为数值类型。

错误值大多是由 Excel 公式错误产生的，共 8 种。

它们专门用来记录日期或时间信息。

逻辑值只有 TRUE 和 FALSE 两个，分别表示"是"和"否"。

图 2-6

不同类型的数据，Excel 保存它们的方式也不相同。

我们可以通过图 2-7 所示的【设置单元格格式】对话框来设置单元格格式，以确定保存在其中的数据的类型。

图 2-7

事实上，在 Excel 中，日期和时间数据都被存储为数值形式，具有数值的一切运算功能，只是显示的样式不同。

某种数据类型是对同一类型数据的总称。如数值是指那些可以直接参与运算的数字，文本、逻辑值等都是数据类型的名称。

不同类型的数据，能参与的运算也不相同。如姓名属于文本类型，不能参与加、减等运算，但是可以对其进行合并、转换大小写、查找替换等运算。

不同类型的数据，Excel 保存它们的方式也不相同。所以，为了便于后期计算或分析，在 Excel 中输入数据时，应根据数据后期可能会参与的运算类别选择将其存储为合适的数据类型。

数据是何种类型，不是由其外观决定的。在一个设置为"文本"格式的单元格中，无论输入什么字符，都会被存储为文本。据此可知，并不是所有由纯数字组成的数据都是数值类型。

至于为什么要将身份证号存储为文本而不是数值格式，有两个原因：一是因为身份证号不用参与算术运算；二是更为重要的原因，即身份证号由 18 个数字组成，若将其存储为数值格式，身份证号中第 15 位之后的数字都会变为 0，从而导致信息丢失，如图 2-8 所示。

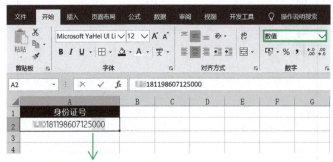

图 2-8

基于这一点，对那些无须参与算术运算又特别长的数字信息，如身份证号、银行卡号、订单编号等，为了不让信息丢失，在 Excel 中都应将其存储为文本格式。

记住一点：数据如果**不需要用来求和、求平均值**或者**不需要参与加、减、乘、除等运算**，就不要将它存储为数值类型。

2.2.3　数据常量别写错了

常量是一种直接被写在公式中的数值、文本、逻辑值等类型的数据，如：

"0-00-00" 是**文本类型的常量**，是写在公式中的文本数据，应写在英文半角的双引号之间。

$$=MATCH(TEXT(20200821,"0-00-00"),A:A,TRUE)$$

20200821 是一个**数值类型的常量**，可以进行加、减、乘、除运算。数值类型的常量可以直接写入公式，不需要加任何符号。

TRUE 是**逻辑值**。逻辑值只有 TRUE 和 FALSE 两个，使用时可以直接写入公式，不用加任何符号。

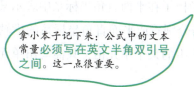

拿小本子记下来：公式中的文本常量**必须写在英文半角双引号之间**。这一点很重要。

通常，只有那些在计算过程中固定不变的数据才会以常量的形式写到公式中。

公式中日期或时间数据的
常量应该怎么写呢？

日期和时间从本质上说也是数值。要在公式中使用某个日期或时间常量，可以写该日期或时间对应的数值，也可以借助 DATE 或 TIME 等函数生成指定的日期或时间数据。

2.2.4　让数据参与计算，单元格地址应该这样写

为了实现公式计算结果自动更新，一般会在公式中通过单元格地址来引用存储在工作表中的数据。

如公式"=A1+D2"中的 A1 和 D2 就是单元格地址，分别代表保存在这两个单元格中的数据。

从某种程度上说，能否正确地书
写公式中的单元格地址，决定了
你能否学好 Excel 的函数和公式。

🟢 通过列标和行号表示单个单元格

用单元格地址表示某一个单元格，像极了在平面直角坐标系中表示某一个点。

可以把 Excel 工作表中的列标和行号分别看成平面直角坐标系的横轴和纵轴，参照平面直角坐标系中表示点的方法，要表示工作表中的某个单元格，只需写出单元格所在位置的列、行信息，如图 2-9 所示。

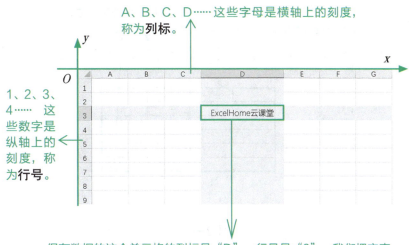

图 2-9

用列标和行号表示单元格地址时，**表示列标的字母在前，表示行号的数字在后**。当要让某个单元格中保存的数据参与公式计算时，就直接在公式中写入该单元格的地址，如图2-10所示。

通过单元格地址"D3"就能引用保存在其中的数据
"ExcelHome 云课堂"。

="我喜欢"&D3

图 2-10

● 借助运算符表示多单元格组成的区域

如果要表示一个包含多个单元格的矩形区域，需要用到引用运算符"："，如图2-11所示。

借助引用运算符 "：" 表示一个矩形区域时，需要用到该区域
左上角及右下角的两个单元格的地址，如 C3:F8。

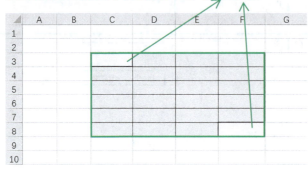

图 2-11

关于 "："及其他引用运算符的介绍，请阅读 2.2.7 小节中的内容。

通过鼠标选取输入单元格地址

如果觉得手动输入单元格地址不方便，可以在编辑公式时，通过鼠标选取的方式输入单元格地址，如图 2-12 所示（输入等号后，可以用鼠标选取单元格区域 A2:B7，D2 单元格中的公式会随之变为 "=A2:B7"）。

	A	B	C	D	E
				=A2:B7	
1	身份证号	出生日期			
2	181199712245222	1997-12-24			
3	181197607085221	1976-07-08		=A2:B7	
4	181199802205224	1998-02-20			
5	181197208105223	1972-08-10			
6	181199603145222	1996-03-14			
7	181199802065225	1998-02-06			
8	181199707201794	1997-07-20	6R x 2C		

图 2-12

如果想引用其他工作表或工作簿中的单元格，也可以使用这种方法，如图 2-13 所示。

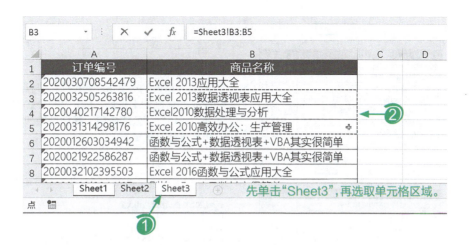

图 2-13

发现了吗？通过这种方法，就可以知道跨工作表或跨工作簿的单元格地址应该怎样写了。

2.2.5 别小看单元格地址中的 "$"，它的用处可大了

公式中的单元格地址有不同的引用样式，包含相对引用、绝对引用和混合引用 3 种。公式中单元格地址的引用样式决定将公式填充或复制到其他单元格后，公式引用的区域是否会发生变化。

● 使用相对引用，复制公式后引用的单元格会改变

所有类似 "A1" 的单元格地址使用的都是相对引用，如 B2、C19、AA100 等，相对引用的单元格地址中仅包含列标和行号，没有其他字符。

如果在公式中使用相对引用的单元格地址，通过复制单元格或自动填充的方式将公式复制到其他区域后，公式中的单元格地址就会自动改变，如图 2-14 所示。

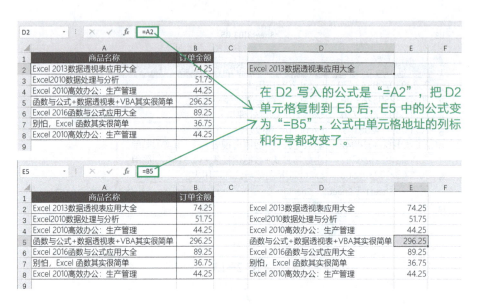

图 2-14

● 使用绝对引用，复制公式后引用的单元格不会改变

如果在单元格地址的列标和行号前都加上"$"，该单元格地址使用的就是绝对引用样式。如$D$2、$D$1、$H$2、$N$100。

在绝对引用的单元格地址中，列标和行号前的"$"就像一把锁，锁住了公式中的单元格在工作表中的位置，如图 2-15 所示。

每个"$"都像一把固定位置的锁，分别固定了引用的单元格在工作表中的行、列位置。

D2			fx	=$A$4				
	A	B	C	D			E	
1	商品名称	订单金额						
2	Excel 2013数据透视表应用大全	74.25		Excel 2010高效办公：生产管理	=$A$4			
3	Excel2010数据处理与分析	51.75						
4	Excel 2010高效办公：生产管理	44.25						
5	函数与公式+数据透视表+VBA其实很简单	296.25						
6	Excel 2016函数与公式应用大全	89.25						
7	别怕，Excel 函数其实很简单	36.75						
8	Excel 2010高效办公：生产管理	44.25						
9								

图 2-15

如果公式中的单元格使用绝对引用，无论将公式所在的单元格复制到哪里，所得单元格中公式引用的单元格都不会发生改变，如图 2-16 所示。

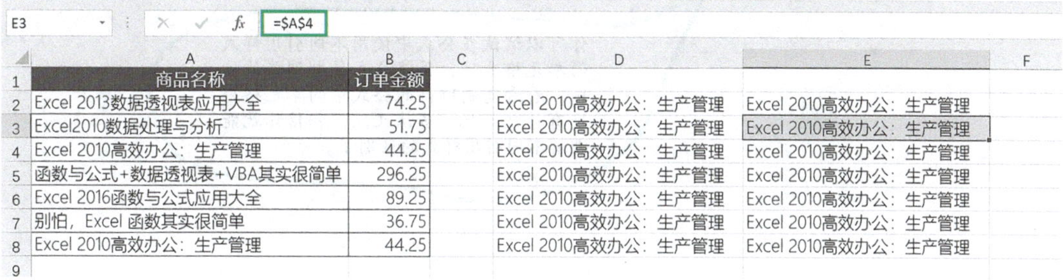

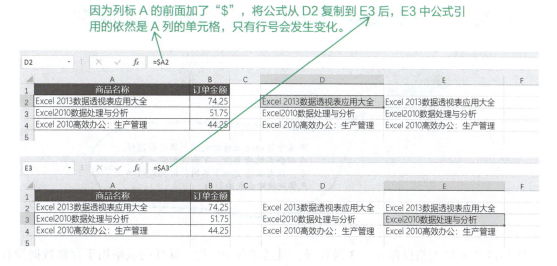

图 2-16

● 使用混合引用，复制公式后只有列标或行号会改变

如果只在单元格地址的列标或行号前加上"＄"，如"＄A1""A＄1"，那么加"＄"的列标或行号使用绝对引用，没有加"＄"的列标或行号使用相对引用。

像这种一半使用绝对引用、另一半使用相对引用的引用样式，称为混合引用。

公式中使用混合引用的单元格地址，在复制公式时，只有相对引用的列标或行号会发生变化，如图 2-17 所示。

因为列标 A 的前面加了"＄"，将公式从 D2 复制到 E3 后，E3 中公式引用的依然是 A 列的单元格，只有行号会发生变化。

图 2-17

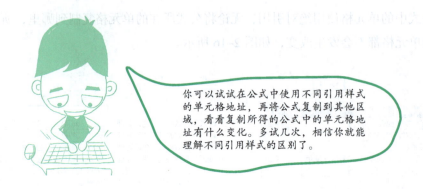

你可以试试在公式中使用不同引用样式的单元格地址，再将公式复制到其他区域，看看复制所得的公式中的单元格地址有什么变化。多试几次，相信你就能理解不同引用样式的区别了。

快速切换公式中单元格地址的引用样式

要切换公式中单元格地址的引用样式，只需在【编辑栏】中选中该地址，或将光标定位到该地址上，按 <F4> 键即可在相对引用、绝对引用和混合引用样式之间进行切换，如图 2-18 所示。

图 2-18

2.2.6 案例：若一列数据不便打印，可用公式将它转换为多列

现在你可能还未意识到单元格的引用样式对公式的重要性，下面我们举一个例子，让大家感受一下不同引用样式的单元格地址对公式的影响。

图 2-19 所示的表格仅保存了 3 列数据，但是却有 100 行。这样的表格用于存储数据没有问题，而且结构较为规范。但这样的表格结构却不适合直接打印，因为一页可打印的内容较少。

序号	姓名	成绩
1	曹夏兰	95
2	蓟婧玫	75
3	司和怡	65
4	鄂家欣	85
5	谢端雅	68
6	鱼梅红	85
7	文柔洁	87
8	隆柏颜	87
9	公羽彤	92
10	龙代珊	67
11	赵冷卉	83
12	金嫣钰	82
13	古安琪	67
14	巢青木	61
15	曾雨花	91
16	宿冰月	76
17	徐谷波	66
18	印千兰	69
19	蒯代双	82
20	白彦灵	68
21	闻沛芹	65
22	那小枫	72
23	糜恬谧	86
24	巴渲染	82
25	通涵易	70
26	屠诗文	80
27	冷思敏	72
28	苏芷巧	94

图 2-19

如果只以打印为目的，较为合适的做法是将这样又细又长的表格转换为多列，让一页纸可以打印的内容变多，比如转换为图 2-20 所示的表格。

序号	姓名	成绩	序号	姓名	成绩	序号	姓名	成绩	序号	姓名	成绩	序号	姓名	成绩
1	曹夏兰	95	21	闻沛芹	65	41	闻月杉	73	61	乌凌波	85	81	林叶吉	85
2	蓟婧玫	75	22	那小枫	72	42	简笛韵	75	62	李如云	91	82	汤春芳	71
3	司和怡	65	23	糜恬谧	86	43	冉珉瑶	60	63	邱梓舒	69	83	农冰薇	67
4	鄂家欣	85	24	巴渲染	82	44	段平惠	94	64	益天骄	70	84	嫚新雨	88
5	谢端雅	68	25	通涵易	70	45	从爱琴	80	65	魏斯琪	82	85	廖立夏	80
6	鱼梅红	85	26	屠诗文	80	46	邰邵美	79	66	容燕婉	84	86	董曹文	62
7	文柔洁	87	27	冷思敏	72	47	蓤姝妍	78	67	邱清怡	98	87	扶漾漾	95
8	隆柏颜	87	28	苏芷巧	94	48	宓梓瑶	90	68	麴琼怡	71	88	曾兰七	62
9	公羽彤	92	29	谭芮丽	75	49	任紫文	96	69	双幼仪	76	89	越访琴	87
10	龙代珊	67	30	冷晴田	72	50	莘盼盼	76	70	国新芳	70	90	邵梦柏	64
11	赵冷卉	83	31	夊馨欣	63	51	许泽恩	66	71	能燕婉	89	91	司振文	65
12	金嫣钰	82	32	从可嘉	94	52	韩依童	97	72	汲迎秋	75	92	程瑾瑶	94
13	古安琪	67	33	杨莉娜	81	53	师端雅	76	73	宋芳懿	64	93	雍含玉	90
14	巢青木	61	34	燕隅晖	83	54	秦曩彤	70	74	广梦王	83	94	蒯一凡	77
15	曾雨花	91	35	顾谷南	74	55	马怜云	77	75	汪念双	87	95	贺小谷	83
16	宿冰月	76	36	孔桉井	90	56	库梅雪	93	76	彭沈思	89	96	习翠桃	75
17	徐谷波	66	37	段清悦	91	57	何贫惠	85	77	堵晴画	73	97	游兰娜	70
18	印千兰	69	38	傅雅琴	80	58	乜湛英	78	78	冉庭酷	94	98	车秋春	92
19	蒯代双	82	39	羿秀娟	90	59	熊思溪	94	79	耿秋蝶	69	99	魏芷蕾	76
20	白彦灵	68	40	毋牧歌	89	60	松千山	99	80	谭盼柳	69	100	寿文英	88

图 2-20

转换表格的方法其实很简单。

如果原表中每列有 100 条记录，需要将每一列转存为 5 列、每列 20 行，可以按如下的步骤操作。

第 1 步：确定要保存转换结果的区域，并设置好表头，如图 2-21 所示。

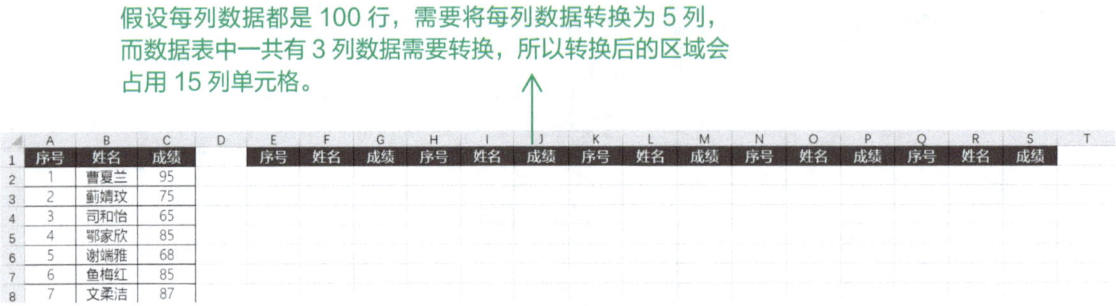

假设每列数据都是 100 行，需要将每列数据转换为 5 列，
而数据表中一共有 3 列数据需要转换，所以转换后的区域会
占用 15 列单元格。

图 2-21

第 2 步：在保存转换结果的第一个单元格（此处为 E2）中输入公式"=A2"，并将其填充到 G2 单元格，如图 2-22 所示。

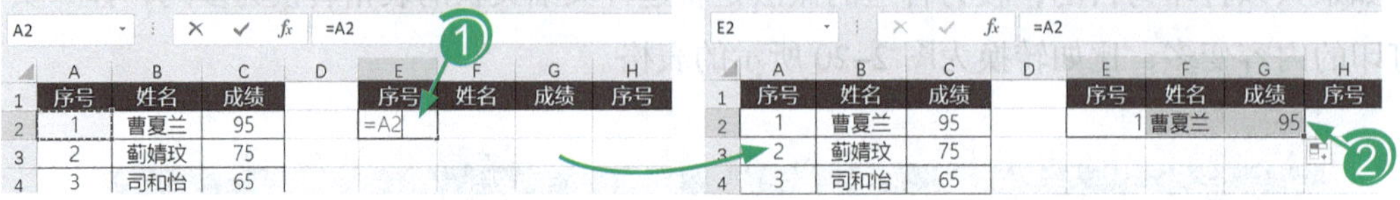

图 2-22

第 3 步：将 E2:G2 单元格区域中的公式向下填充，填充的行数不小于原表中数据的行数，如图 2-23 所示。

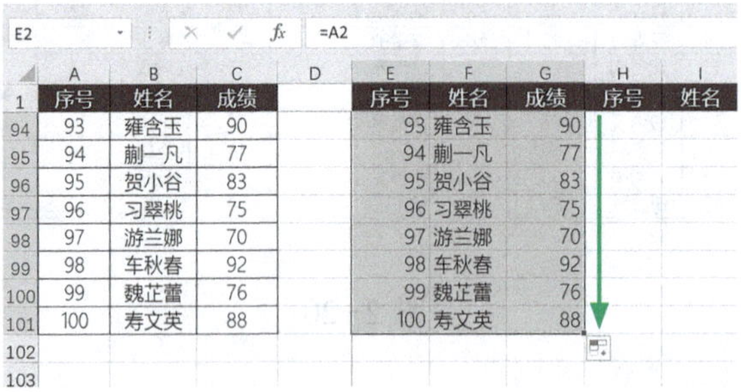

图 2-23

这不就是把原来的数据复制一份吗？直接复制就可以了，不用弄得这么神秘。

确实是这样，如果允许破坏原表的结构，也可以将原表当成目标区域的第一列，在原表的基础上执行接下来的转换操作，不用复制一份。

第 4 步：在 H2 中输入公式"=E22"，通过公式在 H2 单元格中引用要转换的数据，如图 2-24 所示。

注意

这个公式很关键，直接决定此次转换的任务能否完成。其中的 E22 是不需要保存到目标区域的第 1 个数据的单元格地址。

图 2-24

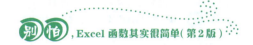

第 5 步：将 H2 单元格中的公式向右填充到目标区域的最后一个单元格（S2）中，如图 2–25 所示。

H2 | =E22

	A	B	C	D	E	F	G	H	I	J	K	L	M	N	O	P	Q	R	S	T
1	序号	姓名	成绩		序号	姓名	成绩	序号	姓名	成绩	序号	姓名	成绩	序号	姓名	成绩	序号	姓名	成绩	
2	1	曹夏兰	95		1	曹夏兰	95	21	闻沛芹	65	0	0	0	0	0	0	0	0	0	
3	2	蓟婧玫	75		2	蓟婧玫	75													
4	3	司和怡	65		3	司和怡	65													
5	4	鄂家欣	85		4	鄂家欣	85													
6	5	谢端雅	68		5	谢端雅	68													

图 2–25

第 6 步：将 H2:S2 单元格区域中的公式向下填充，直到所有行中的公式均返回数值 0 为止，如图 2–26 所示。

H2 | =E22

	A	B	C	D	E	F	G	H	I	J	K	L	M	N	O	P	Q	R	S	T
1	序号	姓名	成绩		序号	姓名	成绩	序号	姓名	成绩	序号	姓名	成绩	序号	姓名	成绩	序号	姓名	成绩	
80	79	耿秋蝶	69		79	耿秋蝶	69	99	魏芷蕾	76	0	0	0	0	0	0	0	0	0	
81	80	谭盼柳	69		80	谭盼柳	69	100	寿文英	88	0	0	0	0	0	0	0	0	0	
82	81	林叶吉	85		81	林叶吉	85	0	0	0	0	0	0	0	0	0	0	0	0	
83	82	汤春芳	71		82	汤春芳	71	0	0	0	0	0	0	0	0	0	0	0	0	
84	83	农冰薇	67		83	农冰薇	67	0	0	0	0	0	0	0	0	0	0	0	0	
85	84	逯新雨	88		84	逯新雨	88	0	0	0	0	0	0	0	0	0	0	0	0	
86	85	廖立夏	80		85	廖立夏	80	0	0	0	0	0	0	0	0	0	0	0	0	
87	86	董曹文	62		86	董曹文	62	0	0	0	0	0	0	0	0	0	0	0	0	
88	87	扶漾漾	95		87	扶漾漾	95													
89	88	曾兰七	62		88	曾兰七	62													

图 2–26

此时，目标区域的前 20 行就是期望的结果，如图 2–27 所示。

	A	B	C	D	E	F	G	H	I	J	K	L	M	N	O	P	Q	R	S	T
1	序号	姓名	成绩		序号	姓名	成绩	序号	姓名	成绩	序号	姓名	成绩	序号	姓名	成绩	序号	姓名	成绩	
2	1	曹夏兰	95		1	曹夏兰	95	21	闻沛芹	65	41	闻月杉	73	61	乌凌波	85	81	林叶吉	85	
3	2	蓟婧玫	75		2	蓟婧玫	75	22	那小枫	72	42	简笛韵	75	62	李如云	91	82	汤春芳	71	
4	3	司和怡	65		3	司和怡	65	23	糜恬谧	86	43	冉珉瑶	60	63	邱梓舒	69	83	农冰薇	67	
5	4	鄂家欣	85		4	鄂家欣	85	24	巴渲染	82	44	段平惠	94	64	益天骄	70	84	逯新雨	88	
6	5	谢端雅	68		5	谢端雅	68	25	通涵易	70	45	从爱琴	80	65	魏斯琪	82	85	廖立夏	80	
7	6	鱼梅红	85		6	鱼梅红	85	26	屠诗文	80	46	郜邵美	79	66	容燕婉	84	86	董曹文	62	
8	7	文柔洁	87		7	文柔洁	87	27	冷思敏	72	47	蒙姝妍	76	67	邱清怡	98	87	扶漾漾	95	
9	8	隆柏颜	87		8	隆柏颜	87	28	苏芷巧	94	48	宓梓瑶	90	68	鞠琼怡	71	88	曾兰七	62	
10	9	公羽彤	92		9	公羽彤	92	29	谭芮丽	75	49	任紫文	96	69	双幼仪	76	89	越访琴	87	
11	10	龙代珊	67		10	龙代珊	67	30	冷晴田	72	50	莘盼盼	76	70	国新芳	70	90	邵梦柏	64	
12	11	赵冷卉	83		11	赵冷卉	83	31	殳馨欣	63	51	许泽恩	66	71	能燕婉	89	91	司振文	65	
13	12	金嫣钰	82		12	金嫣钰	82	32	从可嘉	94	52	韩依童	97	72	汲迎秋	75	92	程瑾瑶	63	
14	13	古安琪	67		13	古安琪	67	33	杨莉娜	81	53	师端雅	76	73	宋芳懿	64	93	雍含玉	90	
15	14	巢青木	61		14	巢青木	61	34	燕隅晖	83	54	秦童彤	70	74	广梦玉	83	94	蒯一凡	77	
16	15	曾雨花	91		15	曾雨花	91	35	顾谷南	74	55	马怜云	77	75	汪念双	78	95	贺小谷	83	
17	16	宿冰月	76		16	宿冰月	76	36	孔桜井	90	56	库梅雪	93	76	彭沈思	89	96	习翠桃	75	
18	17	徐谷波	66		17	徐谷波	66	37	段清悦	91	57	何贤惠	85	77	堵晴画	73	97	游兰娜	70	
19	18	印千兰	69		18	印千兰	69	38	傅雅琴	80	58	乜湛英	78	78	冉庭酪	94	98	车秋春	92	
20	19	蒯代双	82		19	蒯代双	82	39	羿秀娟	90	59	熊思溪	94	79	耿秋蝶	69	99	魏芷蕾	76	
21	20	白彦灵	68		20	白彦灵	68	40	毋牧歌	89	60	松千山	99	80	谭盼柳	69	100	寿文英	88	
22	21	闻沛芹	65		21	闻沛芹	65	41	闻月杉	73	61	乌凌波	85	81	林叶吉	85	0	0	0	
23	22	那小枫	72		22	那小枫	72	42	简笛韵	75	62	李如云	91	82	汤春芳	71	0	0	0	
24	23	糜恬谧	86		23	糜恬谧	86	43	冉珉瑶	60	63	邱梓舒	69	83	农冰薇	67	0	0	0	

图 2–27

在目标区域得到 20 行数据后，只要借助复制和选择性粘贴命令，将这个区域的公式转换为数值，再将填充了公式的多余单元格删除，表格转换就完成了。

上述表格转换方法所用公式仅包含一个单元格地址，够简单了吧？

> 这个公式之所以能完成转换，公式中单元格地址的引用样式发挥了重要的作用。如果把这个公式的工作原理彻底弄清楚，相信你对单元格的引用样式会有更深刻的认识。

你还可以尝试借助类似的公式将保存在多列中的数据转换回最初的细长表格。

2.2.7 运算符就是计算或分析数据需要使用的符号

与数学里的 +、−、×、÷ 等运算符一样，Excel 中的每种运算都对应着一个运算符。

不同类型的数据能参与的运算类型也不相同。根据运算类型，可以将 Excel 公式中的运算符分为算术运算符、比较运算符、文本运算符和引用运算符几类。

● 算术运算符

算术运算符用于执行加、减、乘、除、求相反数、乘幂等算术运算，算术运算返回的是数值类型的数据，如表 2-2 所示。

表 2-2 Excel 中的算术运算符

运算符	运算符名称及用途说明	公式举例	公式结果	等同的数学运算式
+	加号：进行加法运算	=5+3	8	5+3
−	减号：进行减法运算	=8−2	6	8−2
	负号：求相反数	=−−8	8	−(−8)
*	乘号：进行乘法运算	=2*8	16	2×8
/	除号：进行除法运算	=8/2	4	$8 \div 2$
^	乘幂：进行乘方或开方运算	=2^3	8	2^3
		=2^−1	0.5	2^{-1}
		=9^(1/2)	3	$\sqrt{9}$
		=8^(1/3)	2	$\sqrt[3]{8}$

● 比较运算符

比较运算符用于比较两个数据是否相同，谁大谁小。比较运算符包括 =、<>、>、<、>=、<= 等，比较运算只能返回逻辑值 TRUE 或 FALSE，如表 2-3 所示。

表 2-3　Excel 中的比较运算符

运算符	运算符名称及用途说明	数学里的写法	公式举例	公式结果
=	等于：判断 = 左右两边的数据是否相等，如果相等返回 TRUE，否则返回 FALSE	=	=5=3	FALSE
			=8=(2+6)	TRUE
<>	不等于：判断 <> 左右两边的数据是否不相等，如果不相等返回 TRUE，否则返回 FALSE	≠	=5<>3	TRUE
			=5<>5	FALSE
>	大于：判断 > 左边的数据是否大于右边的数据，如果大于返回 TRUE，否则返回 FALSE	>	=-5>2	FALSE
			=8>2	TRUE
<	小于：判断 < 左边的数据是否小于右边的数据，如果小于返回 TRUE，否则返回 FALSE	<	=8<2	FALSE
			=0<7	TRUE
>=	大于等于：判断 >= 左边的数据是否大于或等于右边的数据，如果大于或等于返回 TRUE，否则返回 FALSE	≥	=9>=7	TRUE
			=5>=5	TRUE
			=4>=8	FALSE
<=	小于等于：判断 <= 左边的数据是否小于或等于右边的数据，如果小于或等于返回 TRUE，否则返回 FALSE	≤	=9<=10	TRUE
			=6<=6	TRUE
			=5<=2	FALSE

4 是数值，"4" 是文本，那么它们谁大谁小？怎么比较？

在 Excel 中，不同类型的数据之间也有大小之分：**数值最小，文本比数值大，最大的是逻辑值 TRUE，**如图 2-28 所示。

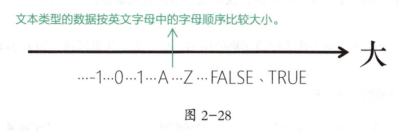

文本类型的数据按英文字母中的字母顺序比较大小。

···-1···0···1···A···Z···FALSE、TRUE

图 2-28

图 2-28 中为什么没有日期、时间和错误值？它们比文本大，还是比文本小？

前面提到过，日期和时间都属于数值，每个日期和时间都对应一个数值，所以把日期视作数值即可。而错误值本身就是一种错误的存在，它和谁比较大小，返回的都是错误值。

文本运算符

文本运算符只有一个：**&**。

文本运算符用于将两个数据合并为一个**文本类型的数据**，如图 2-29 所示。

文本类型的数据也称为**字符串**或**文本字符串**。

C1			f_x	=A1&B1		
	A		B		C	D
1	微信搜索"ExcelHome云课堂"，		多门Office课程任你学		微信搜索"ExcelHome云课堂"，多门Office课程任你学	
2						
3						

图 2-29

引用运算符

当在公式中引用一个单元格区域时，就可能会用到引用运算符。Excel 公式中的引用运算符共 3 个：冒号（：）、空格和逗号（，）。

引用运算符返回的是对工作表中单元格的引用，即一个单元格区域，如表 2-4 所示。

表 2-4　Excel 中的引用运算符

运算符	运算符名称及用途说明	公式举例	公式结果
：	冒号：返回以冒号左、右两边单元格为左上角和右下角的矩形区域	B2:E6	返回以 B2 为左上角、E6 为右下角的矩形区域
空格	空格：返回空格左、右两边两个单元格区域的交叉区域	(A4:E5 B2:C10)	返回 A4:E5 和 B2:C10 交叉的区域，即两个区域的公共区域，即 B4:C5
，	逗号：返回逗号左、右两边两个单元格区域的合并区域	(B3:B5, D6:D7)	返回 B3:B5 和 D6:D7 两个不连续区域组成的合并区域

2.2.8　函数就是已经封装好、能直接使用的公式

函数不难理解，它就像家里使用的榨汁机

只要拥有一台榨汁机，无论是橙汁、苹果汁，还是西瓜汁，想喝的时候都可以自己加工。

假设不用榨汁机，而是手动加工一杯果汁，估计要花费很多时间。榨汁机好用，是因为只要按比例提供水果等材料，它就能自动完成加工。

如果把 Excel 中要计算的数据看成水果等材料，Excel 中的函数就是榨汁机，公式的计算结果就是果汁。

Excel 中不同的函数，就像拥有不同功能的榨汁机，能完成不同的计算任务。要让函数完

成计算，需要以参数的形式给它提供计算需要的各种数据信息。

比如，要求 B2:B12 中所有数据之和，可以使用 SUM 函数，并将它的参数设置为 B2:B12，如图 2-30 所示。

D2	·	:	×	✓	f_x	=SUM(B2:B12)		

	A	B	C	D	E
1	商品名称	商品价格		总金额	
2	Excel 2013数据透视表应用大全(彩版)	126		980.25	
3	Excel 2016 数据透视表应用大全	74.25			
4	VBA其实很简单+VBA实用代码2册合本	134.25			
5	Excel 2013应用大全	74.25			
6	Excel 2010数据透视表应用大全	59.25			
7	Excel 2016函数与公式应用大全	89.25			
8	Excel 2013数据透视表应用大全(彩版)	126			
9	别怕，Excel 函数其实很简单2	44.25			
10	别怕，Excel VBA其实很简单（第2版）	44.25			
11	VBA其实很简单+VBA实用代码2册合本	134.25			
12	Excel 2013应用大全	74.25			
13					

图 2-30

在这个公式中，SUM 是函数名称，函数名称后面括号中的 B2:B12 就是函数的参数，它是提供给函数计算的数据。

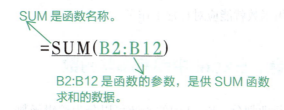

在这个公式中，SUM 是函数名称。

=SUM(B2:B12)

B2:B12 是函数的参数，是供 SUM 函数求和的数据。

SUM 函数在收到参数 B2:B12 后，会依次将这个区域中的每个数据相加，再输出计算结果，如图 2-31 所示。

图 2-31

使用 SUM 函数对数据进行求和，不需要再在公式中使用运算符 "+"，因为 SUM 函数就是一个封装好的求和公式。

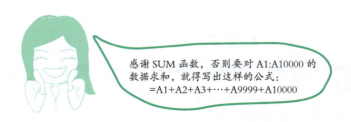

感谢 SUM 函数，否则要对 A1:A10000 的数据求和，就得写出这样的公式：
=A1+A2+A3+…+A9999+A10000

就像借助榨汁机来榨果汁不用理会它内部的工作原理一样，我们也不必理会 Excel 中的函数是怎样处理输入的数据的，只要了解函数的功能，以及怎样通过参数给它设置计算所需的数据就可以了。

◖ 函数一般包含名称和参数两个部分

Excel 中的函数一般包含两个部分：函数名称和函数参数。

函数名称告诉 Excel 要执行的是什么类型的计算，函数参数告诉 Excel 应该对哪些数据进行计算、按什么方式进行计算。

Excel 拥有几百个函数，基本覆盖了日常工作会用到的各种计算，但作为普通用户，只要学会其中的二三十个常用函数就能应对日常工作了。

2.2.9 简单地看看，Excel 中都有哪些函数

按运算类别及应用行业划分，Excel 中的函数可以分为逻辑函数、文本函数、数学和三角函数、日期和时间函数、统计函数、查找与引用函数、信息函数、财务函数等。

我们可以在【功能区】中【公式】选项卡的【函数库】组中看到 Excel 中的各类函数，选择其中的某个类别，就能看到该类别的函数列表，如图 2-32 所示。

当然，现在你不必急于了解这些函数，后面我们会教大家其中一些常用函数的具体用法，你可以类比这些函数的用法，去学习更多的函数。相信我，这并不是一件困难的事情。

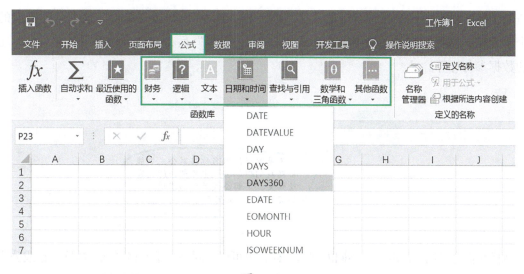

图 2-32

2.3　另类的 Excel 公式——名称

2.3.1　认识 Excel 中的名称

简单地说，名称就是我们给单元格区域、数据常量或公式设定的一个名字。它就像我们给自己取的网名，朋友可以像使用真名一样通过这个昵称称呼我们。

为一个单元格区域、数据常量或公式定义名称后，就可以直接在 Excel 的公式中通过定义的名称来对之进行引用，如图 2-33 所示。

公式中的"单价"和"数量"分别是替 A2 和 B2 定义的名称，公式的效果等同于"=A2*B2"。

图 2-33

公式中的"单价"和"数量"分别是我们替 A2 和 B2 这两个单元格取的名称。就像我们

知道 QQ 好友列表中每个昵称背后的真实人物一样，Excel 也知道"单价"这个名称指向的是哪个单元格，当我们在单元格中输入公式"= 单价 * 数量"后，它会自动引用名称对应单元格中的数据参与计算。

是不是觉得使用名称编写公式更能帮助我们理解公式中各部分的内容及意义，了解公式的计算思路呢？其实使用名称的优点远远不止这些。

　　就像我们可以给自己取多个不同的网名一样，也可以给同一个单元格区域、数据常量或公式定义多个不同的名称，在公式中，使用任意一个名称都可以引用到其对应的数据参与公式计算。但同一个数据，名字多了也没什么好处，反而增加记忆和使用的麻烦，没有这样做的必要。

2.3.2　怎样定义一个名称

● 利用【新建名称】对话框新建名称

　　依次执行【公式】→【定义名称】→【定义名称】命令，打开【新建名称】对话框，即可在对话框中定义名称，具体步骤如图 2–34 所示。

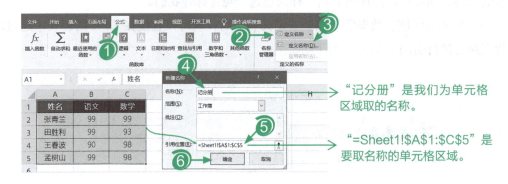

"记分册"是我们为单元格区域取的名称。

"=Sheet1!\$A\$1:\$C\$5"是要取名称的单元格区域。

图 2–34

还可以通过执行【公式】→【名称管理器】命令（或按 <Ctrl+F3> 组合键）打开【名称管理器】对话框，在该对话框中单击【新建】按钮来新建名称，如图 2-35 所示。

在【名称管理器】对话框中可以看到已经定义的名称列表。

图 2-35

根据所选内容批量创建名称

如果要为一个区域中的各列（或各行）分别定义名称，逐列或逐行新建会比较麻烦。这时，可以选中这个区域，让 Excel 通过我们选择的内容来定义名称，方法如图 2-36 所示。

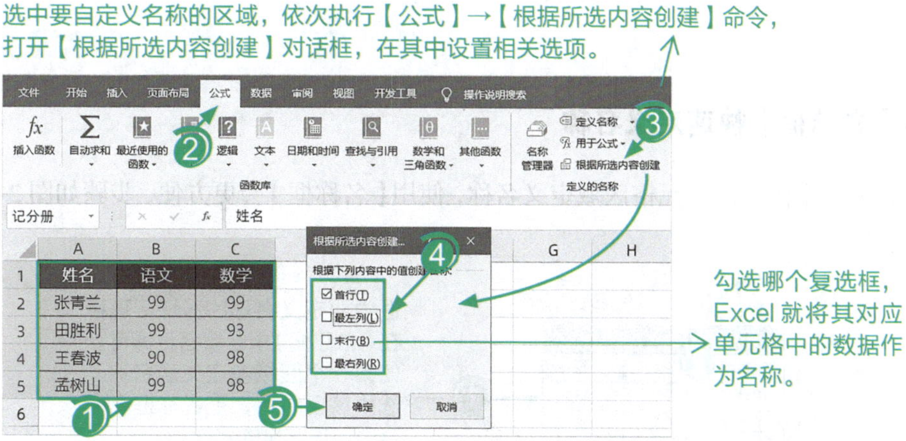

选中要自定义名称的区域，依次执行【公式】→【根据所选内容创建】命令，打开【根据所选内容创建】对话框，在其中设置相关选项。

勾选哪个复选框，Excel 就将其对应单元格中的数据作为名称。

图 2-36

如果在对话框中勾选【首行】复选框，Excel 会为选定区域的各列分别定义名称，并将各列第 1 行中的数据设置为名称。

完成图 2-36 所示的操作后，按 <Ctrl+F3> 组合键打开【名称管理器】对话框，即可在其中查看定义的名称信息，如图 2-37 所示。

定义名称时选中的区域有多少列，通过这种方式定义的名称就有多少个。
各个名称的引用位置、对应的数值都可以在这里看到。

图 2-37

勾选【最左列】【末行】【最右列】
定义的名称是什么样的？我们可
以亲自动手操作试试看。

◉ 使用【名称框】快速定义名称

如果是为一个固定的单元格区域定义名称，使用【名称框】会更方便，步骤如图 2-38 所示。

选中要定义名称的区域，直接
在【名称框】中设置名称即可。
如果一个区域被定义了名称，
选中该区域后，【名称框】中
会显示该区域的名称。

图 2-38

2.3.3　编辑或删除已定义的名称

对于已经定义的名称，可以在【名称管理器】对话框中编辑或删除，如图 2-39 所示。

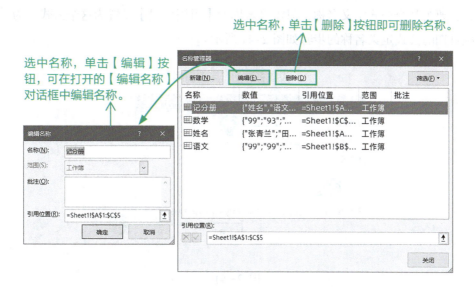

图 2-39

2.3.4　为公式定义名称（命名公式）

为单元格区域定义名称，实际上是将公式定义为名称。看看一个已定义好的名称的引用位置是什么，你就会明白其中的原理了，如图 2-40 所示。

图 2-40

无论是为单元格还是数据常量定义名称，其【引用位置】对应的都是一个以"="开头的公式。所以，**名称其实就是被命名的公式。**

修改某个名称【引用位置】的公式，该名称的返回结果也会随之更改。

所以，要为某个公式定义名称，只需将名称的【引用位置】设置为这个公式。为一个返回当前系统日期的公式定义名称的步骤如图 2-41 所示。

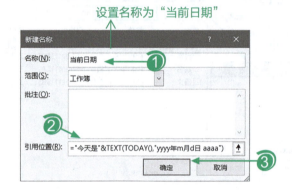

图 2-41

单击【确定】按钮，该公式就拥有了一个新的名称——"当前日期"。

2.3.5 在公式中使用名称

一个公式被定义名称后，可以通过对应的名称来使用公式。如定义了图 2-41 所示的名称后，当在单元格中输入公式：

= 当前日期

就等同于输入了公式：

=" 今天是 "&TEXT(TODAY(),"yyyy 年 m 月 d 日 aaaa")

如图 2-42 所示。

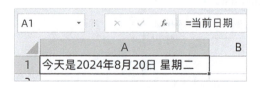

图 2-42

注意

在公式中使用名称时，名称不能写在引号中，否则会被当成文本处理，不能返回名称对应公式的计算结果，如图 2-43 所示。

图 2-43

需要说明一点，无论公式有多长、是数组公式还是普通公式，都可以为其定义名称。且无论公式是否为数组公式，都不需要在定义名称时按 <Ctrl+Shift+Enter> 组合键，也不需替公式加上数组公式的花括号标志"{}"。与一般公式一样，定义名称后的公式可以设置为其他函数的参数，与其他函数嵌套使用。

名称是提高公式可读性和可维护性的重要功能，如果有些常量、单元格区域需要参与多个公式的运算，或者某个公式的结果需要频繁被其他公式引用，就可以为它们定义名称，这样能有效减少输入量和公式的长度，使公式变得直观、简洁。

第 3 章
判断选择不简单，用对函数并不难

我们可以使用 Excel 的语言和它进行"交流"，并将解决问题的方法告诉它，这样它就能按我们制定的规则完成相应的计算。

当然，为了确保能准确地给 Excel 下达指令，首先我们得弄明白它的语言，学会它思考问题的方式。

我们从逻辑函数开始吧！

相较于其他函数，逻辑函数是 Excel 中较为简单的一类，学好它们的用法，能给我们学习使用其他函数带来很大的帮助。而且判断和选择问题也是极为常见的一类问题。所以，无论是出于解决实际问题的需求，还是出于后期学习的需要，认真学好本章内容都是非常有必要的。

100大于50吗？

TRUE

3.1 "是"或"不是"，应该这样表示

3.1.1 逻辑值，是 Excel 对某个事件判断的结果

B1 保存的是 5 月的日期吗？3 月的收入超过 5000 元了吗？……类似这样的判断问题，Excel 中有不少。

这类问题的答案一般只有两种选择："是"或者"不是"。

在 Excel 的世界里，"是"表示为 TRUE，"不是"表示为 FALSE。TRUE 和 FALSE 都是 Excel 中的逻辑值，其中，"TRUE"是逻辑真，等同于"是"；而"FALSE"是逻辑假，等同于"不是"。

这一点，我们在前文中已经提到过，相信大家并不陌生。

所以，当 Excel 对你说"TRUE"时，你得知道它在对你说"是"；而当你想告诉 Excel "不是"的时候，应该对它说"FALSE"。

3.1.2 比较运算返回的结果是逻辑值

比较运算，就是借助比较运算符比较两个数的大小，如：

=A1>A2

每个执行比较运算的公式都可以"翻译"成一个疑问句。公式"=A1>A2"可以翻译成"A1 的数据是否大于 A2 的？"

Excel 在计算该公式时，会对涉及的数据进行比较，再输出比较的结果，如图 3-1 所示。

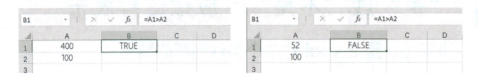

图 3-1

提示

在这个公式中，A1 和 A2 是参与比较的两个数据所在的单元格，">"是执行比较运算的运算符。除了">"，Excel 还有 5 种比较运算符，你还记得吗？如果你忘记了，可以看看 2.2.7 小节中的内容。

3.2 IF 函数，解决选择问题经常用到它

3.2.1 选择问题，就是从多种方案中选择一种

我的周末计划是这样的：如果下雨，就去看电影，否则就去郊游。

周末的行程由天气决定，不同的天气，不同的选择，上述是一个"二选一"的问题，如图 3-2 所示。

图 3-2

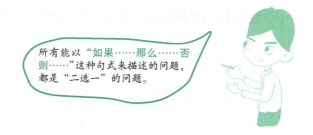

所有能以"如果……那么……否则……"这种句式来描述的问题，都是"二选一"的问题。

选择问题，只能从已有的多种方案中选择一种。与上述类似的"二选一"问题，你一定能想出很多。

3.2.2 案例：用 IF 函数判断考核分是否合格

如果 B2 的数据达到 60 及以上，那么在 C2 写入"合格"，否则在 C2 写入"不合格"。这就是一个"二选一"的问题，如图 3-3 所示。

解决这个问题，同样需要经历"判断→选择"的步骤，如图 3-4 所示。

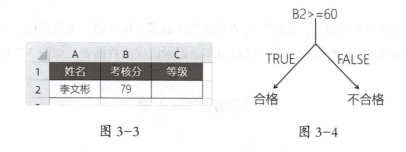

图 3-3   图 3-4

这样的"二选一"问题可以使用 IF 函数解决，IF 函数共有 3 个参数，如图 3-5 所示。

第 1 参数是返回值为 TRUE 或 FALSE 的表达式或函数。

第 2 和第 3 参数分别是第 1 参数为 TRUE 和 FALSE 时，IF 函数返回的结果或计算。这里是文本数据，所以写在英文双引号中。

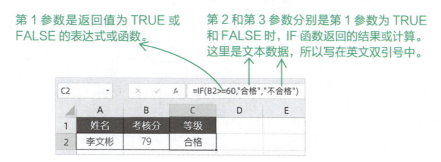

图 3-5

不难看出，IF 函数的 3 个参数分别是判断的条件，以及可供选择的两个选项，如图 3-6 所示。

图 3-6

注意

第 1 参数是判断的条件，
第 2 参数是第 1 参数为 TRUE 时选择的项，
第 3 参数是第 1 参数为 FALSE 时选择的项。
顺序千万不能乱。

3.2.3 案例：复制公式，判断多个考核分是否合格

将公式写入哪个单元格，公式计算的结果就返回到哪个单元格。也就是说，这个公式只能对一个数据完成判断，但我们面临的往往是由多条记录组成的数据表，如图 3-7 所示。

	A	B	C
1	姓名	考核分	等级
2	李文彬	79	合格
3	王文浩	99	
4	王铭川	40	
5	赵文泽	80	
6	杨东哲	94	
7	张明远	89	
8	庞洛为	94	
9	杜海燕	65	
10	陈本利	81	
11	王秀娥	84	
12	赵亚瑞	77	

图 3-7

因为表格的结构和评定等级的规则是相同的，所以不用手动在每个单元格中输入公式。

只要输入第一个公式，并且让公式中的单元格地址使用相对引用，再通过填充功能复制公式到其他单元格，问题就解决了。具体操作步骤如图 3-8 所示。

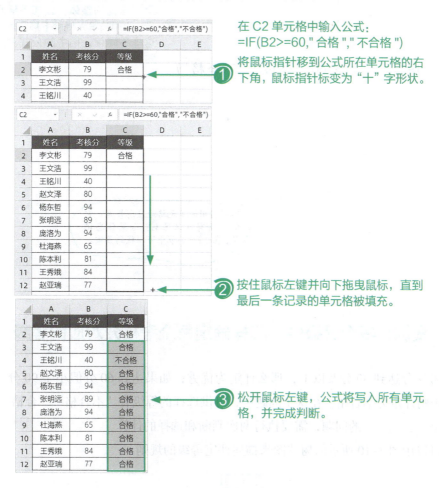

图 3-8

能将公式及其计算规则复制到其他单元格，是因为在公式中使用了相对引用的单元格地址"B2"。B2 中保存的是用来同 60 进行比较的数据，将公式复制到其他单元格后，公式引用的单元格会随之发生改变，让不同单元格中的数据参与公式计算，如图 3-9 所示。

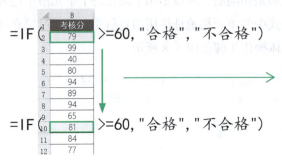

=IF(〔79〕 >=60,"合格","不合格")

=IF(〔81〕 >=60,"合格","不合格")

B2 使用相对引用时，公式与它引用的单元格就是一个在 B 列上下移动的整体，公式下移几行，引用的单元格就下移几行，这样不同单元格中的公式就能对不同的数据进行计算。

图 3-9

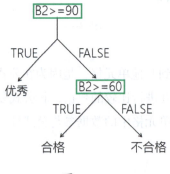

不同引用的单元格地址怎样写？它们之间有什么区别？如果你忘记了，在 2.2.5 小节中可以找到答案。

3.2.4 案例：多个等级中，怎样确定每个考核分对应的等级

如果考核分达到 90 分及以上，那么评定为优秀；如果达到 60 分但小于 90 分，那么评定为合格，否则评定为不合格。在这个问题中，可供选择的等级有"不合格""合格""优秀"3 种，是一个"三选一"的问题，需要执行两次判断和选择的计算。

我们可以用图 3-10 所示的树状图来描述评定等级的规则。

图 3-10

一个 IF 函数只能执行一次判断和选择，而"三选一"的问题需要执行两次判断和选择，所以使用 IF 函数解决该问题时，在公式中会用到两个 IF 函数，即

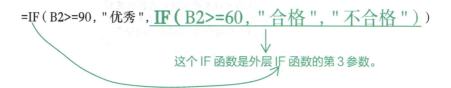

在实际工作中，我们可能会遇到更复杂的判断和选择问题。比如在根据考核分评定等级时，考核分对应的等级可能有多种，如图 3-11 所示。

[60,70)表示大于或等于60,且小于70的分数。

	A	B
1	分数区间	等级
2	[0,60)	不合格
3	[60,70)	基本合格
4	[70,80)	合格
5	[80,90)	良好
6	[90,100]	优秀
7	其他数据	错误分数

图 3-11

要评定的等级有多个，想知道某个考核分在哪个分数区间，可以按类似的方式嵌套使用多个 IF 函数来对分数进行多次判断。

两个 IF 函数我还能弄清楚，数量多了感觉自己会被绕晕……

嵌套使用多个 IF 函数的公式，对初学函数的读者来说，无论是写还是解读它，都是比较困难的，但也不是没有解读它的办法。

我们可以先将判断和选择的规则绘制成树状图，借助树状图来书写或解读公式，思路会清晰得多。

比如，图 3-11 中评定等级的规则可以绘制成图 3-12 所示的树状图。

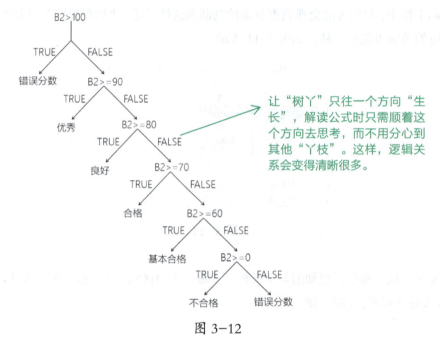

让"树丫"只往一个方向"生长"，解读公式时只需顺着这个方向去思考，而不用分心到其他"丫枝"。这样，逻辑关系会变得清晰很多。

图 3-12

看着图 3-12 所示的树状图来写公式就简单得多了。

=IF(B2<=100,IF(B2>=90," 优秀 ",IF(B2>=80," 良好 ",IF(B2>=70," 合格 ",IF(B2>=60," 基本合格 ",IF(B2>=0," 不合格 "," 错误分数 "))))),"错误分数 ")

如果公式较长，我们还可以在编辑栏中对公式进行换行或缩进处理，让公式的层次更清晰，如图 3-13 所示。

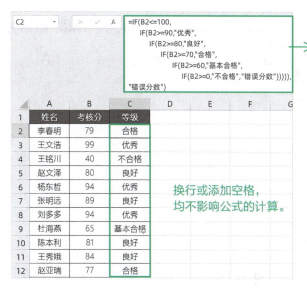

将光标定位到公式中要换行的位置，按 <Alt+Enter> 组合键即可对公式进行换行。

在行首添加空格可实现缩进的效果。

换行或添加空格，均不影响公式的计算。

图 3-13

看着树状图写公式，你是不是觉得轻松了许多？

当遇到一个问题不知从何着手时，不妨试试先画一个简单的思维导图，也许会给你带来一些帮助。

当需要从多个结果中进行选择时，只要明确每次选择的规则，就能使用 IF 函数解决。

是的，思路才是写公式的关键。

3.2.5　案例：用 IFS 函数给考核分评定等级

对于"多选一"的问题，Excel 还准备了另一个更为合适的函数——IFS 函数。

IFS 函数可以解决使用多个 IF 函数才能解决的问题，比如评定等级，如果用 IFS 函数解决，公式如图 3-14 所示。

| C2 | ▼ | : | × | ✓ | fx | =IFS(B2>100,"错误分数",B2>=90,"优秀",B2>=80,"良好",B2>=70,"合格",B2>=60,"基本合格",B2>=0,"不合格",TRUE,"错误分数") |

	A	B	C	D	E	F	G	H
1	姓名	考核分	等级					
2	李春明	79	合格					
3	王文浩	99	优秀					
4	王铭川	40	不合格					
5	赵文泽	80	良好					
6	杨东哲	94	优秀					
7	张明远	89	良好					
8	刘多多	94	优秀					
9	杜海燕	65	基本合格					
10	陈本利	81	良好					
11	王秀娥	84	良好					
12	赵亚瑞	77	合格					

图 3-14

IFS 函数的参数应设置为**偶数个**，其中每两个为一组，分别为判断的条件和该条件为 TRUE 时返回的结果，如图 3-15 所示。

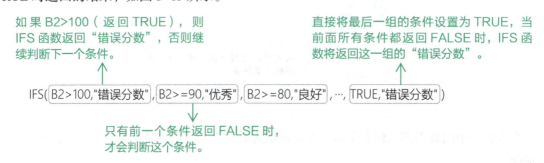

如果 B2>100（返回 TRUE），则 IFS 函数返回"错误分数"，否则继续判断下一个条件。

直接将最后一组的条件设置为 TRUE，当前面所有条件都返回 FALSE 时，IFS 函数将返回这一组的"错误分数"。

IFS(B2>100,"错误分数" , B2>=90,"优秀" , B2>=80,"良好" , …, TRUE,"错误分数")

只有前一个条件返回 FALSE 时，才会判断这个条件。

图 3-15

注意

IFS 函数是 Excel 2019 新增的函数，Excel 2016 及其之前的版本无法使用该函数。

最多可以给 IFS 函数设置 127 组条件及对应结果，即 254 个参数。在计算时，IFS 函数会对已设置的条件按先后顺序逐个进行判断：先判断第 1 个条件是否成立，当第 1 个条件不成立时，继续判断第 2 个条件……当遇到条件成立时，会停止判断并返回该条件对应的结果。如本例中 IFS 函数的计算过程如图 3-16 所示。

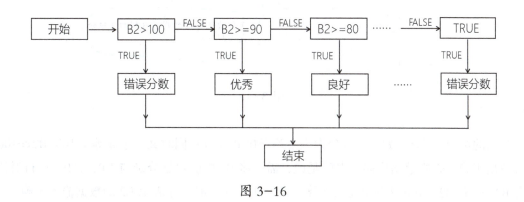

图 3-16

所以，在使用 IFS 函数时，应根据判断的条件合理设置各个条件的顺序，否则函数返回的可能不是正确的结果，如图 3-17 所示。

只要 B2 中的数据大于或等于 60，IFS 函数在进行第 1 参数的比较运算时都会返回 TRUE，此时函数就会返回第 2 参数 "基本合格"，但在本例中，这个结果显然是错误的。

	A	B	C	D	E	F	G	H	I	J	K
C2			=IFS(B2>=60,"基本合格",B2>100,"错误分数",B2>=90,"优秀",B2>=80,"良好",B2>=70,"合格",B2>=0,"不合格",TRUE,"错误分数")								
1	姓名	考核分	等级								
2	李春明	100	基本合格								
3	王文浩	80	基本合格								
4	王铭川	60	基本合格								

图 3-17

3.3 多条件判断，应该使用这样的表达方式

3.3.1 Excel 并不认识我们熟悉的不等式

职工的考核分通常是 ［0，100］区间内的一个数值，想知道单元格中保存的是否为规范、正确的数据，需要判断考核分是否位于该区间，如图 3-18 所示。

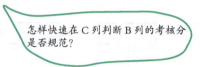

图 3-18

判断的规则很简单：如果考核分大于或等于0（B2>=0），同时又小于或等于100（B2<=100），那么数据正确，否则数据错误。也就是说，需要将 B2 中的数据分别与 [0，100] 进行对比，只有 B2>=0 和 B2<=100 这两个比较运算式都返回 TRUE 时，才表示 B2 的数据输入正确。

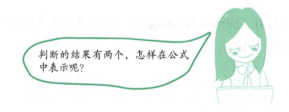

在数学里，通常使用不等式来表示某个区域的数据，如 [0，100] 区间内的数据 a，可以表示为 "$0 \leqslant a \leqslant 100$"。但是，在 Excel 的公式中却不能使用类似的不等式来判断两个条件，如图 3-19 所示。无论考核分是多少，公式返回的都是"错误"。

C2		×	✓	f_x	=IF(0<=B2<=100,"正确","错误")	
	A	B	C	D	E	
1	姓名	考核分	考核分检查			
2	李春明	120	错误			
3	王文浩	99	错误			
4	王铭川	-35	错误	✕		
5	赵文泽	65分	错误			
6	杨东哲	94	错误			
7	张明远	89	错误			

图 3-19

因此，如果需要在公式中同时判断多个条件，千万别使用数学中的不等式。

3.3.2 用 AND 函数判断数据是否同时满足多个条件

当需要判断数据是否同时满足多个条件时，可以在公式中使用 AND 函数。

例如，想知道 B2 中的数据是否在［0，100］区间内，可以将 B2>=0 和 B2<=100 设置为 AND 函数的参数，表示为

AND(B2>=0,B2<=100)

这里给 AND 函数设置了两个参数，参数间用逗号分隔（最多可以设置 255 个参数）。
要判断的条件越多，设置的参数就越多；
参数的位置和顺序可以任意设置。

只有 AND 函数的所有参数返回的结果都为 TRUE 时，AND 函数才会返回 TRUE，否则函数返回 FALSE。

想知道 B 列的数据是否位于［0，100］区间内，公式可以写为

=IF(AND(B2>=0,B2<=100),"正确","错误")

IF 函数的第 1 参数。

结果如图 3-20 所示。

C2　=IF(AND(B2>=0,B2<=100),"正确","错误")

	A	B	C	D	E	F
1	姓名	考核分	考核分检查			
2	李春明	120	错误			
3	王文浩	99	正确			
4	王铭川	-35	错误			
5	赵文泽	65分	错误			
6	杨东哲	94	正确			
7	张明远	89	正确			

图 3-20

3.3.3　用 OR 函数判断数据是否满足多个条件中的一个

图 3-21 所示的表格中列出了多位人物的各项指标。

序号	姓名	武力	智力	忠诚	评级
1	关羽	99	85	100	
2	张飞	99	45	100	
3	诸葛亮	15	99	100	
4	黄忠	98	52	98	
5	赵云	96	79	100	
6	蒋琬	24	75	91	
7	关平	85	76	95	
8	糜芳	25	49	50	
9	杨仪	12	85	75	

图 3-21

现要在 F 列中使用公式评定这些人物的级别，只要武力、智力和忠诚有一项超过 80，就可以评为"S 级"。

要解决上述问题，就需要先针对第一个人物依次判断 3 个指标，即 C2>80、D2>80、E2>80。如果这 3 个比较运算式的其中一个返回 TRUE，那么评级为"S 级"，可以将公式写为

=IF(OR(C2>80,D2>80,E2>80),"S 级 ","")

结果如图 3-22 所示。

F2			f_x	=IF(OR(C2>80,D2>80,E2>80),"S级","")		

序号	姓名	武力	智力	忠诚	评级
1	关羽	99	85	100	S级
2	张飞	99	45	100	S级
3	诸葛亮	15	99	100	S级
4	黄忠	98	52	98	S级
5	赵云	96	79	100	S级
6	蒋琬	24	75	91	S级
7	关平	85	76	95	S级
8	糜芳	25	49	50	
9	杨仪	12	85	75	S级

图 3-22

3.3.4　用 NOT 函数求与参数相反的逻辑值

NOT 函数只有一个参数，用于求与它的参数相反的逻辑值，如：

NOT(3>2)　　　　　　返回 FALSE
NOT(TRUE)　　　　　 返回 FALSE
NOT(2=3)　　　　　　返回 TRUE

如果 NOT 函数的参数是一个表达式，Excel 会先计算这个表达式，然后将计算结果作为 NOT 函数的参数。如在公式"=NOT(3<9)"中，Excel 会先计算"3<9"的值（返回 TRUE），然后将返回结果作为 NOT 函数的参数进行计算（结果为 FALSE）。

第 **4** 章

这些函数若掌握，数据计算变简单

求和、求平均值、条件求和、条件计数……这些常接触的计算问题，在 Excel 中都能找到合适的函数来帮助解决。

Excel 能完成的数据计算超出你的想象，本章我们将一起来学习怎样借助 Excel 函数解决常见的计算问题。

本章主要介绍怎样借助 Excel 中的函数解决求和、求平均值等常见的计算问题，相关计算是处理和分析数据必须掌握的基本计算，也是学习 Excel 函数与公式必须掌握的内容。

4.1 SUM 函数是常用的求和函数

4.1.1 SUM 函数是代替运算符"+"的最佳选择

求和运算对多数人来说并没有难度。在 Excel 中，可以直接使用运算符"+"来对指定的数据进行求和，比如，要求 A2 到 A10 中所有数据的和，可以将公式写为

=A2+A3+A4+A5+A6+A7+A8+A9+A10

当求和的数据有很多，如 A1:A10000 中保存的所有数据，使用运算符"+"将数据逐个相加来解决，公式会很长，不仅不易编写，而且容易出错。

在 Excel 中，类似的求和问题使用 SUM 函数解决会更简单。比如，要求 A1:A10000 中所有数据的和，可以将公式写为

SUM 函数会对它的参数中包含的所有数值进行求和，无论这些数据有多少个。

=SUM(A1:A10000)

公式的计算结果如图 4-1 所示。

这个公式执行的计算与"=A1+A2+…+A9999+A10000"相同。

D1	▼ :	× ✓	fx	=SUM(A1:A10000)			
	A	B	C	D	E	F	G	H
1	1		求和	50005000			
2	2						
3	3						
4	4						
5	5						
6	6						
7	7						

图 4-1

4.1.2 对数据进行求和，SUM 函数还具有这些特点

SUM 函数是专门用于求和的函数，我们可以给 SUM 函数设置多个参数，如：

=SUM(1,2,3,A1:A3)

这里给 SUM 函数设置了 4 个参数：1、2、3 和 A1:A3。

参数就是 SUM 函数要求和的数据，这个公式等同于"=1+2+3+A1+A2+A3"。对于指定的保存多个数据的单元格区域，SUM 函数会自动将其中的每个数据相加，不用像使用运算符"+"那样单独指定。

应至少给 SUM 函数设置一个参数，最多只能设置 255 个参数。**SUM 函数的参数可以设置为数值、单元格区域、常量数组或其他公式**，如：

{1,2,3} 是一个包含 3 个数值的常量数组。

=SUM(100,A1:A10,{1,2,3},SUM(1,2,3))

这个公式是求数值 100、A1:A10 中的数值、数组 {1,2,3} 各元素和 SUM(1,2,3) 的计算结果等所有数值的总和。

常量数组是多个常量数据的组合，各个数据需要写在 { } 中。如 {1,2,3} 表示由 1、2、3 这 3 个数组成的数组，包含 3 个数据。

对于单元格地址及常量数组的参数，**SUM 函数只会对其中的数值进行求和，其他类型的数据会被忽略**，如图 4-2 所示。

单元格区域及常量数组中的文本、逻辑值和空单元格都将被忽略，不会参与求和计算。

D1		× ✓	f_x	=SUM(A1:A7,{10,10,"叶枫"})	
	A	B	C	D	E
1	10		求和	60	
2	abc				
3	10				
4	TRUE				
5	10				
6					
7	10				
8					

图 4-2

注意

如果使用**运算符"+"**来对数据进行求和，非数值类型的数据并不会被忽略，公式可能会返回错误值。

如果将文本或逻辑值直接设置为 SUM 函数的参数，SUM 函数并不会忽略它们，如图 4-3 和图 4-4 所示。

对于直接设置为参数的"叶枫"，SUM 函数会尝试将其转换为数值，但因为"叶枫"无法转换为数值，所以公式返回错误值。

"100"是文本，SUM 函数能将其转换为数值 100，让其参与求和，所以公式的结果是 120。

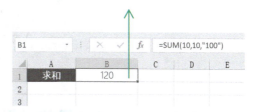

图 4-3

逻辑值 TRUE 会被转换为数值 1 参与求和，所以公式的结果为 21。

逻辑值 FALSE 会被转换为数值 0 参与求和，所以公式的结果为 20。

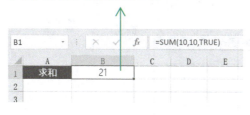

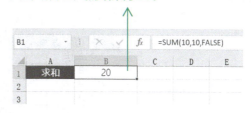

图 4-4

提示

　　SUM 函数不能忽略错误值，无论错误值是在单元格区域中，还是被直接设置为 SUM 函数的参数，函数返回的都是错误值，如图 4-5 所示。

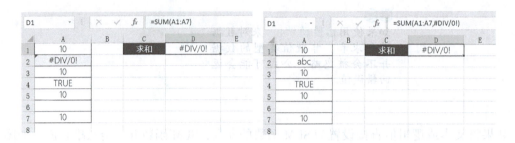

图 4-5

当 SUM 函数返回错误值时，你应该知道从哪些方面查找出错原因了吧。

4.1.3　案例：用 SUM 函数求每个月的累计已缴税额

图 4-6 所示表格的 B 列保存的是每月已缴税额（单位：元）的数据，现要在 C 列求出每个月的累计已缴税额。

	A	B	C	D
1	月份	本月已缴税额	累计已缴税额	
2	2020年1月	1422		
3	2020年2月	881		
4	2020年3月	1052		
5	2020年4月	629		
6	2020年5月	1054		
7	2020年6月	934		
8	2020年7月	1474		
9	2020年8月	1033		
10	2020年9月	1129		
11	2020年10月	879		
12	2020年11月	599		
13	2020年12月	1258		
14				

图 4-6

求累计已缴税额，就是求指定月份及之前的已缴税额之和，比如 4 月的累计已缴税额，就是 1 月到 4 月的已缴税额之和。

以图 4-6 所示的表格为例，要解决这个问题，只需将数据表按 A 列的月份升序排列，即 1 月的数据排在最前面，其次是 2 月的数据……12 月的数据排在最后，再借助 SUM 函数即可。

第 1 步：在 C2 输入公式，如图 4-7 所示。

注意
第 1 参数在行方向上使用绝对引用，应该写为"B$2"，千万别写错了。

=SUM(B$2:B2)

	A	B	C	D
1	月份	本月已缴税额	累计已缴税额	
2	2020年1月	1422	1422	
3	2020年2月	881		
4	2020年3月	1052		
5	2020年4月	629		

图 4-7

第 2 步：将公式复制到同列其他单元格中，就能得到每个月累计已缴税额了，如图 4-8 所示。

	A	B	C	D
1	月份	本月已缴税额	累计已缴税额	
2	2020年1月	1422	1422	
3	2020年2月	881		
4	2020年3月	1052		
5	2020年4月	629		
6	2020年5月	1054		
7	2020年6月	934		
8	2020年7月	1474		
9	2020年8月	1033		
10	2020年9月	1129		
11	2020年10月	879		
12	2020年11月	599		
13	2020年12月	1258		
14				

	A	B	C	D
1	月份	本月已缴税额	累计已缴税额	
2	2020年1月	1422	1422	
3	2020年2月	881	2303	
4	2020年3月	1052	3355	
5	2020年4月	629	3984	
6	2020年5月	1054	5038	
7	2020年6月	934	5972	
8	2020年7月	1474	7446	
9	2020年8月	1033	8479	
10	2020年9月	1129	9608	
11	2020年10月	879	10487	
12	2020年11月	599	11086	
13	2020年12月	1258	12344	
14				

图 4-8

考考你

解决这个问题时，巧妙地应用了单元格的混合引用样式，让每个单元格中 SUM 函数的求和区域都不相同。参照这个思路，还能解决许多类似的问题。

图 4-9 所示表格的 B、C 两列，分别保存了每月的收入和支出数据，现要计算每月的结余数据，填入 D 列的区域中。

	A	B	C	D	E
1	月份	本月收入	本月支出	结余	
2	2020年1月	4600	2700		
3	2020年2月	3800	2400		
4	2020年3月	4800	5500		
5	2020年4月	4100	5700		
6	2020年5月	9000	2800		
7	2020年6月	6400	5200		
8	2020年7月	6700	2800		
9	2020年8月	7500	4500		
10	2020年9月	3500	4400		
11	2020年10月	5600	3200		
12	2020年11月	9100	3900		
13	2020年12月	5000	5400		
14					

图 4-9

每月的结余数据等于当月的累计收入减当月的累计支出，如 5 月的结余数据等于 5 月及之前月份的收入总和与支出总和之差，你能使用 SUM 函数解决这一问题吗？

4.1.4　案例：用 SUM 函数求多张工作表中交通补贴的总和

图 4-10 所示的工作簿中包含以 1 月到 12 月命名的 12 张工作表，每张工作表中保存的是当月职工的交通补贴（单位：元）数据。每张工作表中数据表的结构相同，人员的姓名及排列顺序完全相同，唯一可能不同的是交通补贴的数据。

图 4-10

现要求这些职工所有月的交通补贴金额总和，并保存在图 4-11 所示的"总计"工作表中。

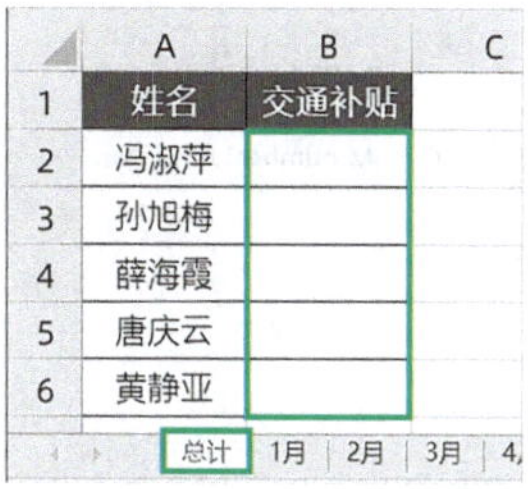

图 4-11

如果要求和的数据像本例一样保存在同一工作簿中连续的多张工作表中相同的位置，则有更简单的公式设置方法。

第 1 步：选中"总计"工作表中的 B2 单元格，输入 SUM 函数，如图 4-12 所示。

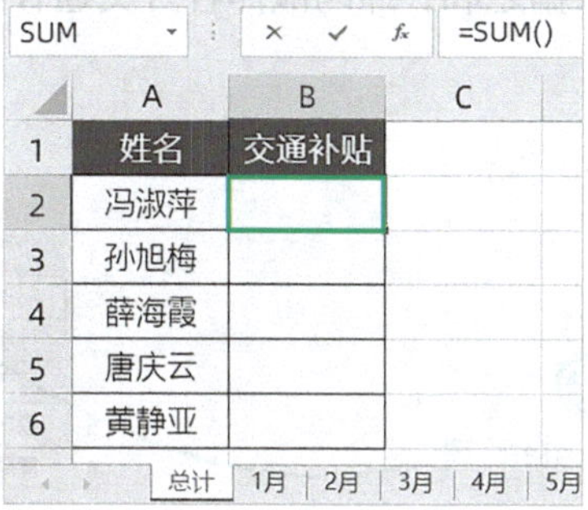

图 4-12

第 2 步：将光标定位到 SUM 函数的括号中，单击工作表"1 月"，如图 4-13 所示。

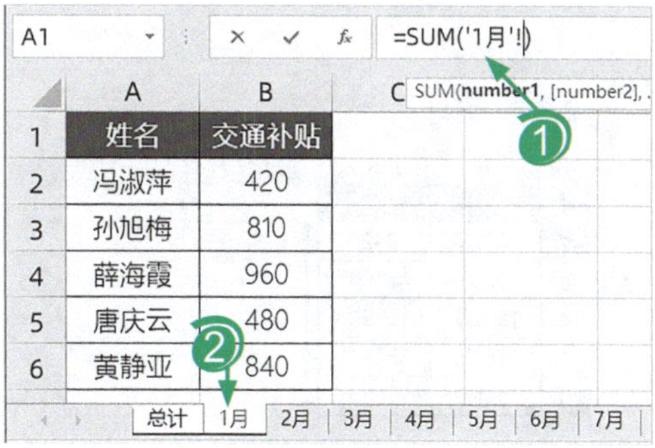

图 4-13

第3步：按住 <Shift> 键，单击最后一张工作表，如图 4–14 所示。

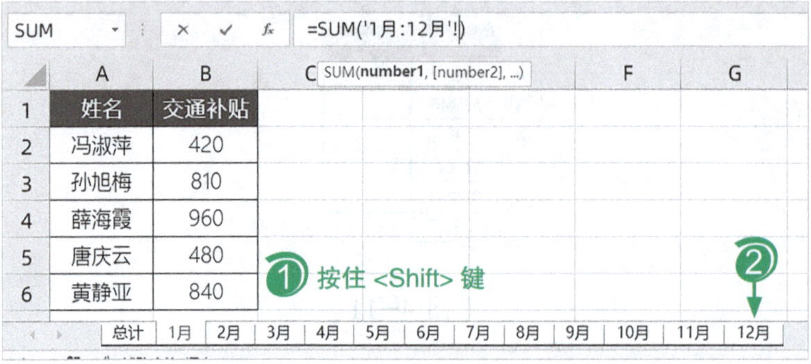

图 4–14

第4步：选择可见工作表中的 B2 单元格，按 <Enter> 键确认输入公式，即可得到"1月"到"12月"所有工作表 B2 单元格中的数据之和，即冯淑萍各月交通补贴金额的总和，如图 4–15 所示。

=SUM('1 月:12 月 '!B2)

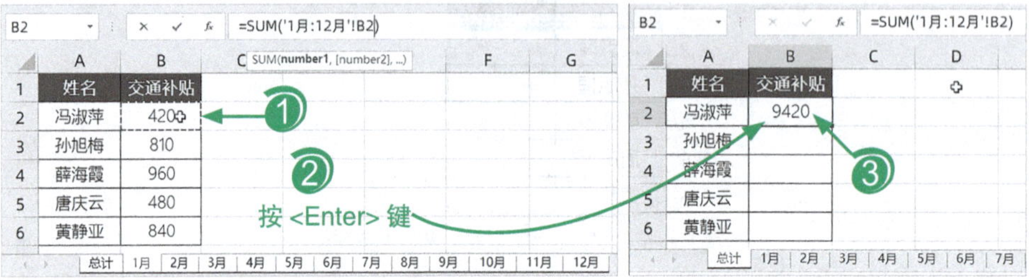

图 4–15

第5步：将公式填充、复制到同列其他单元格，即可求得其他人员 12 个月的交通补贴金额总和，如图 4–16 所示。

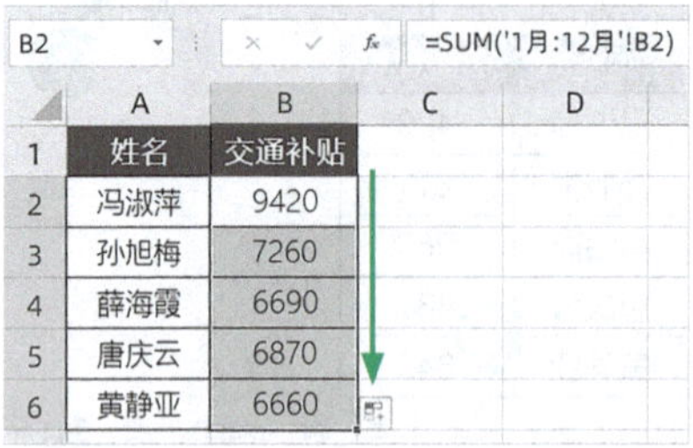

图 4–16

4.1.5 案例：快速在多个区域输入求和公式

在图 4-17 所示的工资表中，如果要在 G 列和第 11 行分别求和，常规的做法是分别在 G2 和 C11 单元格中写入求和公式，再填充、复制公式到其他单元格。

	A	B	C	D	E	F	G
1	月份	姓名	基本工资	奖金提成	加班补贴	交通补贴	合计
2	2024年1月	朱琴琴	5000	5550	300	880	
3	2024年1月	张玉美	3000	4600	1060	720	
4	2024年1月	李红洋	3500	5650	500	160	
5	2024年1月	吴中华	4000	1900	340	500	
6	2024年1月	陈万成	3500	2300	520	860	
7	2024年1月	张伟伟	3500	2750	1080	160	
8	2024年1月	尹卫红	5000	5000	780	240	
9	2024年1月	解启明	4000	3250	900	340	
10	2024年1月	孟令则	3500	4950	680	640	
11	总计						

图 4-17

快捷的方法：选中单元格区域 C2:G11，依次执行【公式】→【自动求和】→【求和】命令（或按 <Alt+=> 组合键），即可自动在求和区域中输入相应的公式，如图 4-18 所示。

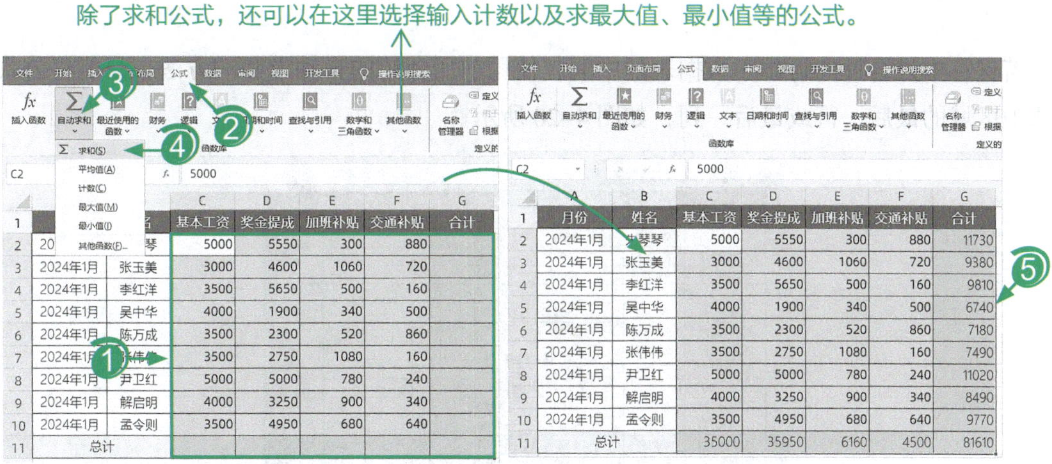
除了求和公式，还可以在这里选择输入计数以及求最大值、最小值等的公式。
求和(S)
平均值(A)
计数(C)
最大值(M)
最小值(I)
其他函数(F)...

图 4-18

4.1.6　案例：求和的捷径，快速汇总各类数据

出于各种需求，有时可能需要在数据表中某类数据之后添加该类别数据的小计，如图 4-19 所示表格中的"本月合计"项。

	A	B	C	D	E	F	G
1	月份	姓名	基本工资	奖金提成	加班补贴	交通补贴	合计
2	2024年1月	张文然	5000	5550	300	880	
3	2024年1月	陈卫红	3000	4600	1060	720	
4	2024年1月	邵启亮	3500	5650	500	160	
5	2024年1月	赵法明	4000	1900	340	500	
6		本月合计					
7	2024年2月	张文然	3500	2300	520	860	
8	2024年2月	陈卫红	3500	2750	1080	160	
9	2024年2月	邵启亮	5000	5000	780	240	
10	2024年2月	赵法明	4000	3250	900	340	
11		本月合计					
12	2024年3月	张文然	3500	4950	680	640	
13	2024年3月	陈卫红	5000	4200	120	500	
14	2024年3月	邵启亮	4000	4950	260	600	
15	2024年3月	赵法明	5000	1950	420	220	
16		本月合计					
17	2024年4月	张文然	4500	1950	900	140	
18	2024年4月	陈卫红	4500	1900	320	380	
19	2024年4月	邵启亮	4500	4950	100	300	
20	2024年4月	赵法明	4500	5400	480	340	
21		本月合计					

图 4-19

若保存本月合计的行位于数据表的中间，使用前面介绍的自动求和的方法，只能将公式写入选中区域的最后一行或最后一列，如图 4-20 所示。

	A	B	C	D	E	F	G
1	月份	姓名	基本工资	奖金提成	加班补贴	交通补贴	合计
2	2024年1月	张文然	5000	5550	300	880	11730
3	2024年1月	陈卫红	3000	4600	1060	720	9380
4	2024年1月	邵启亮	3500	5650	500	160	9810
5	2024年1月	赵法明	4000	1900	340	500	6740
6		本月合计					
7	2024年2月	张文然	3500	2300	520	860	7180
8	2024年2月	陈卫红	3500	2750	1080	160	7490
9	2024年2月	邵启亮	5000	5000	780	240	11020
10	2024年2月	赵法明	4000	3250	900	340	8490
11		本月合计					
12	2024年3月	张文然	3500	4950	680	640	9770
13	2024年3月	陈卫红	5000	4200	120	500	9820
14	2024年3月	邵启亮	4000	4950	260	600	9810
15	2024年3月	赵法明	5000	1950	420	220	7590
16		本月合计					
17	2024年4月	张文然	4500	1950	900	140	7490
18	2024年4月	陈卫红	4500	1900	320	380	7100
19	2024年4月	邵启亮	4500	4950	100	300	9850
20	2024年4月	赵法明	4500	5400	480	340	10720
21		本月合计	67000	61250	8760	6980	143990

图 4-20

如果表格中保存的数据类别较多，要输入公式的行数较多，逐个输入会比较麻烦。而这个问题也有简单的解决办法，操作步骤如下。

第1步：选中单元格区域 C2:G21，依次执行【开始】→【查找和选择】→【定位条件】命令（或按 <Ctrl+G> 组合键），打开【定位条件】对话框，如图 4-21 所示。

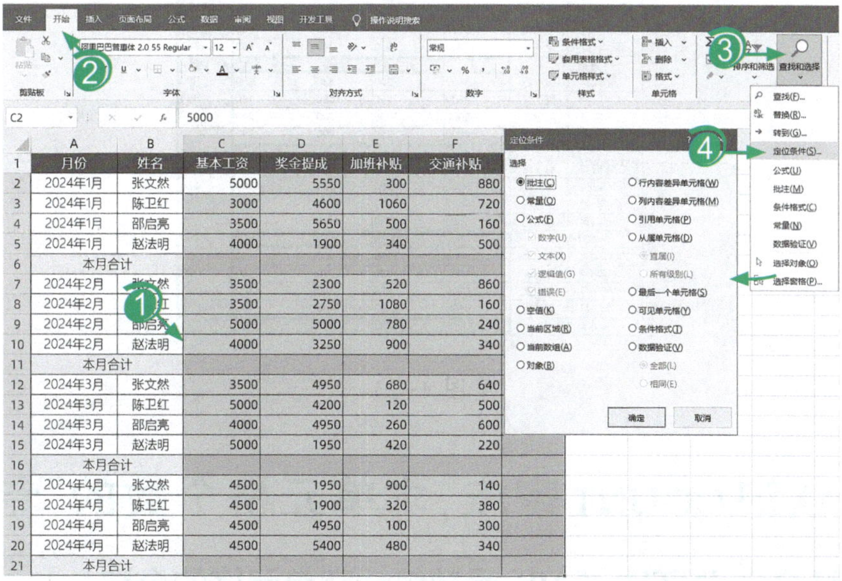

图 4-21

第2步：在【定位条件】对话框中选中【空值】单选项，单击【确定】按钮，即可选中区域中的空单元格，这些空单元格就是要输入求和公式的区域，如图 4-22 所示。

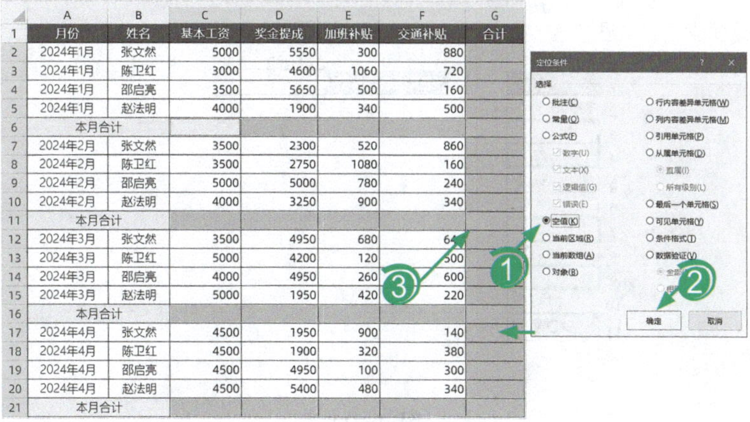

图 4-22

第 3 步：在不更改选中单元格的前提下，按 <Alt+=> 组合键（或依次执行【公式】→【自动求和】→【求和】命令），即可完成公式输入，效果如图 4-23 所示。

图 4-23

4.2 认识 COUNT 家族，求单元格个数的"专业户"

4.2.1 用 COUNTBLANK 函数统计空单元格的个数

COUNTBLANK 函数只有一个参数（只能设置为单元格区域），用于求参数所指定的区域中包含的空单元格的个数。

如要求 A2:A11 中的空单元格的个数，在 D1 单元格中输入图 4-24 所示的公式。

图 4-24

提示

COUNTBLANK 函数统计的空单元格包括从未写入任何数据的单元格（称为真空单元格）和保存了不包含任何字符的空文本 "" 的单元格（称为假空单元格，如图 4-25 所示的 A4 单元格）。

图 4-25

4.2.2　用 COUNTA 函数统计非空单元格的个数

要求某个区域中的**非空单元格的个数**，可以使用 COUNTA 函数，如图 4-26 所示。

图 4-26

COUNTA 函数统计的是包含任何类型信息（包括错误值和空文本 ""）的单元格，在使用时，最多可以给 COUNTA 函数设置 255 个参数，参数可以是单元格引用、数据常量或公式等。

4.2.3　用 COUNT 函数统计数值单元格的个数

如果想统计某个区域中保存数值的单元格的个数，可以使用 COUNT 函数，如图 4-27 所示。

COUNT 函数返回的结果为 3，因为该区域有两个数值单元格和一个日期单元格。

日期也是数值，这个知识点你还记得吗？

图 4-27

与 COUNTA 函数一样，在使用时最多可以给 COUNT 函数设置 255 个参数，且参数可以是单元格区域、数据常量或公式等。

4.2.4　案例：统计应考人数和实考人数

在对考试成绩做分析时，一般会需要统计应考人数和实考人数两个指标。

应考人数就是应该参加考试的人数，实考人数就是实际参加考试的人数。以图 4-28 所示的表格为例，应考人数就是 C 列中保存姓名的单元格的个数，实考人数就是 D 列中保存了考试分数（数值类型的数据）的单元格的个数。

	A	B	C	D	E	F	G	H
1	考号	班级号	姓名	考试成绩	备注		应考人数	
2	20220143	01	杨海艳	76			实考人数	
3	20220235	02	庞洛为	100				
4	20220123	01	李娜芬	缺考				
5	20220223	02	舒为芳	80				
6	20220103	01	林贵裕	76				
7	20220332	03	黄小琴	75				
8	20220201	02	林建福	87				
9	20220327	03	何春梅	缺考				
10	20220148	01	徐琴燕	65				
11	20220136	01	邓春发	--				
12	20220301	03	周玉枝	85				
13	20220312	03	彭会义	96				
14	20220120	01	何延芬	74				
15	20220201	02	张丽娟	请假				
16	20220325	03	江志通	86				
17	20220326	03	彭翠萍	65				
18	20220207	02	康秋秋	97				

图 4-28

上述问题就可以用COUNTA函数和COUNT函数解决，公式分别如图4-29和图4-30所示。

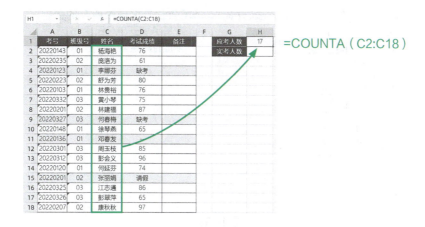

图 4-29

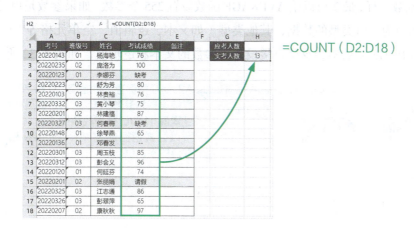

图 4-30

4.3 用函数求指定数据的平均值、最大值、最小值

4.3.1 案例：用AVERAGE函数求一组数据的平均值

要求一组数据的平均值可以用AVERAGE函数，其用法与SUM函数类似，要求哪些数据的平均值，就将这些数据设置为AVERAGE函数的参数。

如果要求 C2:C10 中保存的所有数据的平均值，可以使用图 4-31 所示的公式。

C11	▾	✕ ✓ *fx*	=AVERAGE(C2:C10)

	A	B	C	D
1	姓名	班级	成绩	
2	杨海艳	八4班	95	
3	庞洛为	八1班	99	
4	李娜芬	八3班	82	
5	舒为芳	八2班	65	
6	林贵裕	八3班	88	
7	黄小琴	八4班	78	
8	林建福	八1班	69	
9	陈家宇	八1班	80	
10	王秀成	八2班	96	
11	平均分		83.556	

→ C2:C10 区域中保存的数据就是 AVERAGE 函数求平均值的数据。

图 4-31

与 SUM 函数一样，最多可以给 AVERAGE 函数设置 255 个参数。如果参数是单元格（区域），函数仅计算其中为数值类型的数据，其他类型（如文本、逻辑值、空单元格等）的数据都会被忽略，但 AVERAGE 函数不会忽略直接设置为参数的文本和逻辑值，如图 4-32 所示。

C2	▾	✕ ✓ *fx*	=AVERAGE(A2:A10,"29",TRUE)

	A	B	C	D	E
1	数据		平均值		
2	10		15		
3	20				
4	Excel				
5					
6	FALSE				
7	20				
8	21				
9	22				
10	23				

→ A2:A10 中保存的数值有 10 和 20；
直接设置为参数的文本 "29" 被当成数值 29，
逻辑值 TRUE 被当成数值 1。
所以公式返回的是 10、20、29 和 1 这 4 个数值的平均值。

图 4-32

AVERAGE 函数的计算规则和 SUM 函数完全一样，岂不是可以类比 SUM 函数的用法来使用它？

是的，只要会用 SUM 函数，使用 AVERAGE 函数将是一件轻而易举的事情。

4.3.2　案例：用 MIN（MAX）函数求一组数据的最小值（最大值）

如果要计算一组数据的最小值（最大值），可以使用 MIN（MAX）函数，如图 4-33 所示。

	A	B	C	D	E
1	姓名	班级	成绩		
2	杨海艳	八4班	95		
3	庞洛为	八1班	99		
4	李娜芬	八3班	82		
5	舒为芳	八2班	65		
6	林贵裕	八3班	88		
7	黄小琴	八4班	78		
8	林建福	八1班	69		
9	陈家宇	八1班	80		
10	王秀成	八2班	96		
11	平均分		83.556	→	=AVERAGE(C2:C10)
12	最低分		65	→	=MIN(C2:C10)
13	最高分		99	→	=MAX(C2:C10)

图 4-33

4.4　对数值进行取舍，可以使用取舍函数

4.4.1　案例：用 ROUND 函数将数据四舍五入且保留两位小数

对数值进行四舍五入可以用 ROUND 函数。ROUND 函数有两个参数，分别用来指定要取舍的数值和要保留的小数位数。

第 2 参数可以设置为正整数、负整数或 0。
↑

ROUND（ 要取舍的数值，要保留的小数位数 **）**

ROUND 函数第 2 参数设置得不同，函数保留的小数位数就不同，如图 4-34 所示。

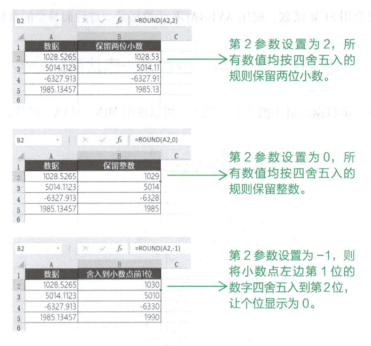

图 4-34

除此之外，使用文本函数 FIXED 也可对数值进行四舍五入，其使用方法与 ROUND 函数完全相同，区别是 FIXED 函数返回文本类型的数据，而 ROUND 函数返回数值类型的数据。

4.4.2 案例：用 ROUNDUP 函数强制对数值进行向上取舍

向上取舍表示只要数位上的数字大于 0，在将其舍弃时，都要向前一位进 1，如 3.213 向上取舍保留一位小数后，所得的结果就是 3.3。

如果要对指定的数值强制进行向上取舍，可以使用 ROUNDUP 函数。ROUNDUP 函数有两个参数，分别用来指定要取舍的数值和要保留的小数位数，如图 4-35 所示。

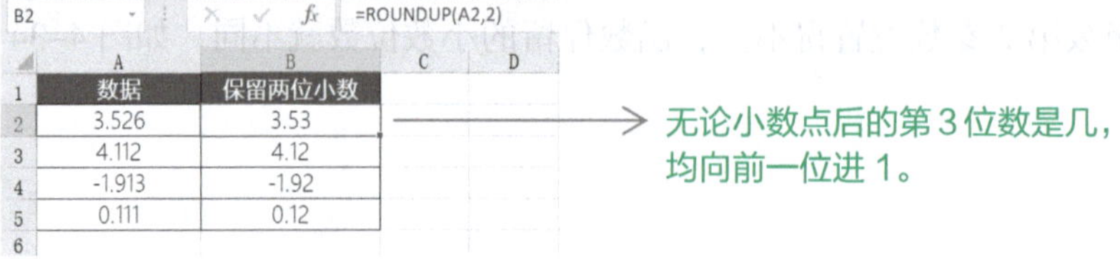

图 4-35

4.4.3　案例：用 ROUNDDOWN 函数强制对数值进行向下取舍

向下取舍表示无论数位上的数字是几，在将其舍弃时，都不用向前一位进 1，如 3.298 向下取舍保留一位小数，所得的结果就是 3.2。

如果要对指定的数值强制进行向下取舍，可以使用 ROUNDDOWN 函数。ROUNDDOWN 函数有两个参数，分别用来指定要取舍的数值和要保留的小数位数，如图 4-36 所示。

	A	B	C	D
1	数据	保留两位小数		
2	3.526	3.52		
3	4.112	4.11		
4	-1.923	-1.92		
5	0.119	0.11		
6				

B2　=ROUNDDOWN(A2,2)

无论小数点后的第 3 位数是几，均直接舍去。

图 4-36

4.4.4　案例：用 INT 函数获得小于或等于指定数值的最大整数

INT 函数用于舍弃一个数值的小数部分，只保留整数部分，如图 4-37 所示。

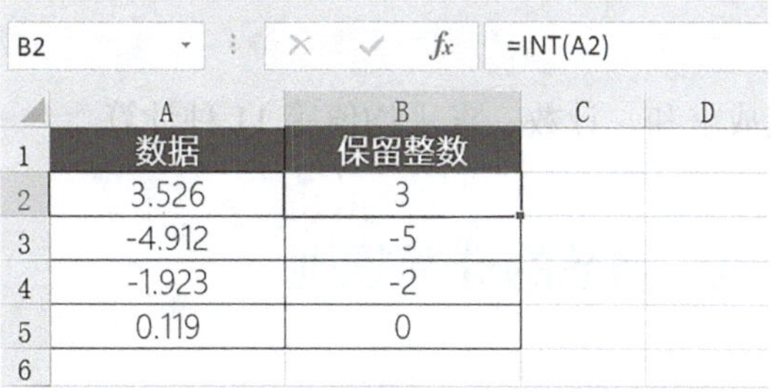

	A	B	C	D
1	数据	保留整数		
2	3.526	3		
3	-4.912	-5		
4	-1.923	-2		
5	0.119	0		
6				

B2　=INT(A2)

图 4-37

> **考考你**
>
> 如果只想保留指定数值的整数部分，使用 ROUND、ROUNDUP、ROUNDDOWN 函数也能实现。你可以尝试分别使用这 3 个函数写出只保留数值整数部分的公式。

4.5 汇总筛选或隐藏状态下的数据

提到汇总隐藏状态下的数据，就不得不提到 SUBTOTAL 函数。

SUBTOTAL 函数是一个多功能的函数，既可以用来求和，也可以用来求平均值，还可以用来计数……它具有 AVERAGE、COUNT、MAX、SUM 等 11 个函数的功能，甚至比这些函数更为强大。

4.5.1　SUBTOTAL 函数能完成哪些计算

Excel 的分类汇总功能可以完成哪些计算，你还记得吗？【分类汇总】对话框如图 4–38 所示。

【汇总方式】列表框中的所有计算都可以使用 SUBTOTAL 函数完成。

图 4–38

SUBTOTAL 函数能完成求和、计数、求平均值等 11 种计算。

4.5.2　SUBTOTAL 函数的计算规则

● **第 1 参数对应的各种计算**

SUBTOTAL 函数可以执行 11 种计算，应怎样改变它的汇总方式，让它只执行求和计算，而不执行其他 10 种计算呢？

要让 SUBTOTAL 函数执行某种指定的计算，只需将第 1 参数设置为对应的数值。当第 1 参数为 1 时，函数执行的是求平均值计算；当第 1 参数为 2 时，函数执行的是数值单元格计数计算……

现在了解 SUBTOTAL 函数是怎样切换计算规则的了吧?

通过设置第 1 参数就可以切换函数的运算模式，但是，记住各种不同的参数设置及其对应的计算也是一件麻烦的事情。

其实不必记住每种参数设置及其对应的计算，当我们在单元格中输入 SUBTOTAL 的函数名称后，Excel 就会给出相应的提示和预选项，供我们选择使用，如图 4-39 所示。

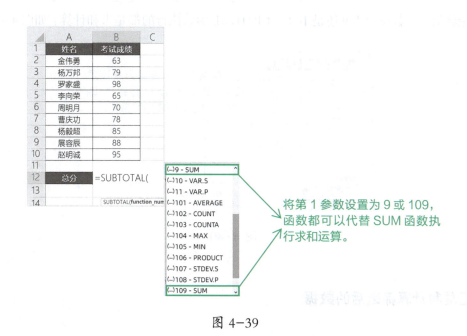

将第 1 参数设置为 9 或 109，函数都可以代替 SUM 函数执行求和运算。

图 4-39

仔细观察 Excel 给出的下拉列表就可以发现，对同一种计算规则，第 1 参数都有不同的两种设置方法，如表 4-1 所示。

表 4-1　SUBTOTAL 函数的第 1 参数

第 1 参数		执行的计算	等同的函数
1	101	平均值	AVERAGE
2	102	数值单元格计数	COUNT
3	103	非空单元格计数	COUNTA
4	104	最大值	MAX
5	105	最小值	MIN
6	106	乘积	PRODUCT
7	107	标准偏差	STDEV.S
8	108	总体标准偏差	STDEV.P
9	109	求和	SUM
10	110	方差	VAR.S
11	111	总体方差	VAR.P

无论将第 1 参数设置为 9 还是 109，SUBTOTAL 函数执行的都是求和计算，如图 4-40 所示。

图 4-40

只汇总和计算筛选后的数据

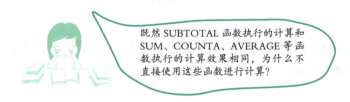

既然 SUBTOTAL 函数执行的计算和 SUM、COUNTA、AVERAGE 等函数执行的计算效果相同，为什么不直接使用这些函数进行计算？

　　虽然 SUBTOTAL 函数能代替 SUM、COUNTA、AVERAGE 等函数进行各种计算，但 SUBTOTAL 函数的功能与这些函数并不完全相同，因为 SUBTOTAL 函数能执行的计算，这些函数不一定能完成。

　　SUBTOTAL 函数与 SUM 等函数的区别是什么？让我们对工作表中的数据执行自动筛选操作，看对数据记录进行筛选后，不同公式的计算结果有什么区别，如图 4-41 所示。

	A	B	C
1	姓名 ▼	考试成绩 ▼	
5	李向荣	65	
8	杨毅超	85	
11			
12	总分（参数设置为9）	150	=SUBTOTAL(9,B2:B10)
13	总分（参数设置为109）	150	=SUBTOTAL(109,B2:B10)
14	总分（使用SUM函数）	721	=SUM(B2:B10)

在公式和数据都没有改变的前提下，只对数据区域执行筛选操作，公式的结果就发生了改变：其中，SUBTOTAL 函数只对筛选后得到的两条记录进行求和，而 SUM 函数是对所有的数据进行求和。

图 4-41

　　如果对数据执行了筛选操作，SUBTOTAL 函数将只对筛选后得到的数据进行汇总和计算，这就是 SUBTOTAL 函数与 SUM、COUNTA 等函数的区别。

　　正因为 SUBTOTAL 函数只会对筛选后得到的数据进行计算，所以当需要边筛选边查看汇总结果的时候，使用它会非常方便，如图 4-42 所示。

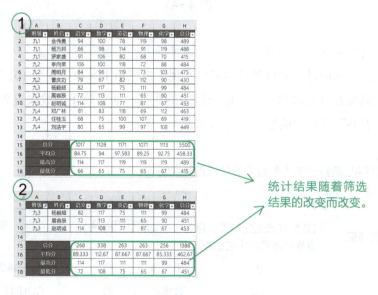

统计结果随着筛选结果的改变而改变。

图 4-42

让函数忽略隐藏的数据区域

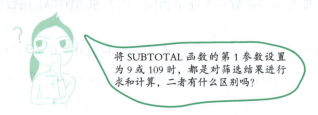

将 SUBTOTAL 函数的第 1 参数设置为 9 或 109 时，都是对筛选结果进行求和计算，二者有什么区别吗？

想弄清楚这两种不同设置的区别，让我们将数据区域隐藏（不是筛选）一部分，看看不同的公式计算结果有什么变化，如图 4-43 所示。

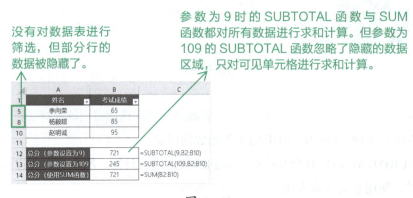

图 4-43

第 1 参数设置为 9 和 109 的**区别：是否让隐藏行中的数据参与计算。**

再对比其他几组相同计算的设置项后可以发现，当把第 1 参数设置为 101 至 111 的自然数时，SUBTOTAL 函数在计算时都会忽略隐藏行中的数据；而将第 1 参数设置为 1 至 11 的自然数时，函数不会忽略隐藏行中的数据，详情如表 4-2 所示。

表 4-2　SUBTOTAL 函数的第 1 参数的各种设置及说明

第 1 参数		执行的运算	等同的函数
只计算筛选后的结果	只计算筛选后的结果，且忽略被隐藏行中的数据		
1	101	平均值	AVERAGE
2	102	数值单元格计数	COUNT
3	103	非空单元格计数	COUNTA

第 1 参数		执行的运算	等同的函数
只计算筛选后的结果	只计算筛选后的结果，且忽略被隐藏行中的数据		
4	104	最大值	MAX
5	105	最小值	MIN
6	106	乘积	PRODUCT
7	107	标准偏差	STDEV.S
8	108	总体标准偏差	STDEV.P
9	109	求和	SUM
10	110	方差	VAR.S
11	111	总体方差	VAR.P

SUBTOTAL 函数仅支持行方向上的隐藏统计，如果被隐藏的是列区域，无论将第 1 参数设置为多少，在计算时函数都不会忽略隐藏列中的数据，如图 4-44 所示。

隐藏了 D:I 列的数据，SUBTOTAL 函数的计算结果和 SUM 函数完全相同，并没有忽略隐藏列中的数据。

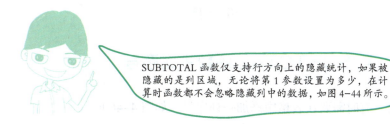

图 4-44

汇总多个不连续区域中的数据

在使用时，最多可以给 SUBTOTAL 函数设置 255 个参数，其中第 1 参数用于指定汇总方式，共有 22 个可设置项（见表 4-2），第 2 至 255 个参数用于指定要汇总的数据区域。

SUBTOTAL(汇总方式 , 数据区域 1, 数据区域 2, …)

也就是说，可以给 SUBTOTAL 函数设置多个汇总的数据区域。

如果在 SUBTOTAL 函数的参数中指定了多个数据区域，函数将对这些区域中的所有数据

进行汇总和计算，并返回计算结果，如图 4-45 所示。

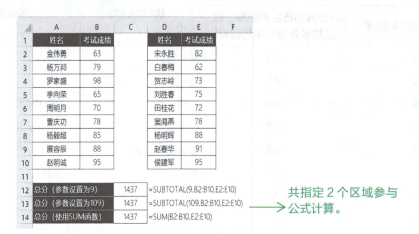

图 4-45

4.5.3 案例：用 SUBTOTAL 函数生成序号

在制作表格时，有时需要在表格中添加一列序号，如图 4-46 所示。

	A	B	C	D	E	F	G	H	I
1	序号	班级	姓名	语文	数学	英语	物理	化学	总分
2	1	九1	金伟勇	94	100	78	119	98	489
3	2	九1	杨万邦	66	98	114	91	119	488
4	3	九1	罗家盛	91	106	80	68	70	415
5	4	九2	李向荣	106	100	118	72	88	484
6	5	九2	周明月	84	96	119	73	103	475
7	6	九2	曹庆功	79	67	82	112	90	430
8	7	九3	杨毅超	82	117	75	111	99	484
9	8	九3	展容辰	72	113	111	65	90	451
10	9	九3	赵明诚	114	108	77	87	67	453
11	10	九4	邓广林	81	83	118	69	112	463
12	11	九4	任桂玉	68	75	100	107	69	419
13	12	九4	刘浩宇	80	65	99	97	108	449

序号通常是从 1 开始按 1 递增，且不间断的自然数序列。

图 4-46

如果这列序号是输入的数值，当执行删除、隐藏、筛选等操作后，就会破坏序号的连续性，如图 4-47 所示。

对数据进行筛选后，序号不再是连续的自然数序列。

图 4-47

如果想表格中的序号始终是一组从 1 开始的、连续的自然数序列，可以借助 SUBTOTAL 函数生成这些序号，如图 4-48 所示。

图 4-48

在这个公式中，SUBTOTAL 函数的第 1 参数是 103，函数将执行非空单元格计数计算；第 2 参数的 B$2:B2 使用混合引用样式，当公式向下填充时，该参数会随之变为 B$2:B3、B$2:B4、B$2:B5、B$2:B6……从而得到一组由 1、2、3、4、5 等数字组成的自然数序列。

用 SUBTOTAL 函数设置好序号后，当隐藏或筛选数据表中的记录后，SUBTOTAL 函数会重新计算，并返回一组新的从 1 开始的、连续的自然数序列，如图 4-49 所示。

单元格 A9 中的序号是 5，是因为 B2:B9 中的可见单元格有 5 个。

SUBTOTAL 函数的第 1 参数是 103，函数在计算时忽略了隐藏行（不可见行）中的数据。

A9	▼	：	× ✓	*fx*	=SUBTOTAL(103,B$2:B9)*1				

	A	B	C	D	E	F	G	H	I
1	序号	班级	姓名	语文	数学	英语	物理	化学	总分
2	1	九1	金伟勇	94	100	78	119	98	489
5	2	九2	李向荣	106	100	118	72	88	484
6	3	九2	周明月	84	96	119	73	103	475
7	4	九2	曹庆功	79	67	82	112	90	430
9	5	九3	展容辰	72	113	111	65	90	451
10	6	九3	赵明诚	114	108	77	87	67	453
11	7	九4	邓广林	81	83	118	69	112	463

图 4-49

提示

本例中的公式通过 SUBTOTAL 函数统计 B 列的非空单元格个数，将该结果作为数据表的序号。为了保证每个单元格中返回的数值均不相等，应保证 B 列中不存在空单元格，或重新选择一列不存在空单元格的引用作为 SUBTOTAL 函数的第 2 参数。

公式最后的 "*1" 有什么用？

想知道 "*1" 有什么用，先来对比有和没有 "*1" 的公式的计算结果的区别，如图 4-50 所示。

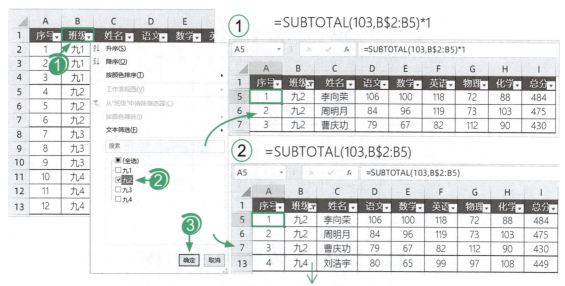

图 4-50

不加 "*1" 时，无论筛选什么，数据表的最后一行都会始终显示在表格中，这是因为只使用 SUBTOTAL 函数汇总，Excel 会把最后一行当成表格的汇总行，始终显示在表格的末尾。公式 "*1" 是为了让单元格中的序号不是 SUBTOTAL 函数直接计算的结果，让 Excel 把最后一行当成普通的数据记录，而不用始终显示在表格的末尾。

当然，也可以使用 "+0"、"−0" 或其他不改变 SUBTOTAL 函数计算结果的运算代替 *1。除此之外，还可以在序号列使用公式：

=SUBTOTAL(103,B$2:B2)

然后将该公式填充到数据表的第 1 个空行，让 Excel 将这条空行当成汇总行，这样原来表格中的最后一条记录就不会始终显示在筛选后的数据表中了，效果如图 4-51 所示。

序号	班级	姓名	语文	数学	英语	物理	化学	总分
1	九1	金伟勇	94	100	78	119	98	489
2	九1	杨万邦	66	98	114	91	119	488
3	九1	罗家盛	91	106	80	68	70	415
4	九2	李向荣	106	100	118	72	88	484
5	九2	周明月	84	96	119	73	103	475
6	九2	曹庆功	79	67	82	112	90	430
7	九3	杨毅超	82	117	75	111	99	484
8	九3	展容辰	72	113	111	65	90	451
9	九3	赵明诚	114	108	77	87	67	453
10	九4	邓广林	81	83	118	69	112	463
11	九4	任桂玉	68	75	100	107	69	419
12	九4	刘浩宇	80	65	99	97	108	449
12								

序号	班级	姓名	语文	数学	英语	物理	化学	总分
1	九2	李向荣	106	100	118	72	88	484
2	九2	周明月	84	96	119	73	103	475
3	九2	曹庆功	79	67	82	112	90	430
3								

图 4-51

在图 4-51 所示的表格中，如果感觉 A14 中多出来的序号影响表格的美观，也可以换一种方式，在该单元格中输入其他的公式，如 "="""，这样就变相地隐藏了空行中的内容，快去试试吧。

第 5 章

文本处理虽复杂，能用函数应付它

Excel 能处理的不仅仅是数值。

文本又称为字符串，是保存在单元格中的文字信息，如姓名、家庭住址等，包括现在你正在阅读的这行文字都是字符串。

文本数据用于记录信息，不能、也不需要参与算术运算，但并不意味着 Excel 对它束手无策。对于文本数据，Excel 通常会对它们进行英文大小写转换、查找和替换字符、拆分与合并文本等操作。

而这些，都可以借助 Excel 中的函数来完成，想知道具体的方法吗？让我们一起来看看吧。

本章主要介绍 Excel 中的文本函数，借助这些函数，能方便地对文本数据进行合并、拆分、替换等操作。建议大家跟着书中的示例一起操作，认真总结、归纳函数的用法，熟练掌握你工作和生活中经常会用到的函数。

5.1　将多个文本合并为一个

5.1.1　案例：用 CONCATENATE 函数将多个文本合并为一个

A2、B2、C2 中分别保存着 3 个数据，要将这 3 个单元格中的数据合并为一个，保存在 D2 单元格中，可以在 D2 中写入这个公式：

=CONCATENATE(A2,B2,C2)

公式结果如图 5-1 所示。

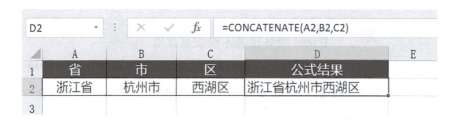

图 5-1

你看出其中的门道了吗？知道 CONCATENATE 函数是怎样合并数据的吗？

要合并哪些数据，就将它们设置为 CONCATENATE 函数的参数。合并时，函数会按括号中参数的顺序依次对其进行合并，第 1 个参数是返回的字符串最左端的部分，最后一个参数是返回的字符串最右端的部分。例如下边的公式：

=CONCATENATE(文本 1, 文本 2, 文本 3, 文本 4)

结果如下。

文本 1 文本 2 文本 3 文本 4

CONCATENATE 函数最多可以设置 255 个参数。参数可以是文本、数值、单元格引用或公式等，如图 5-2 所示。

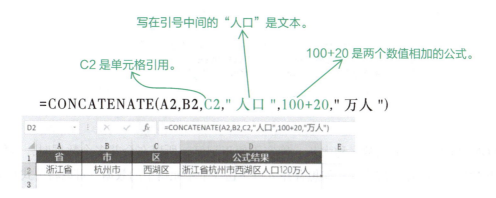

图 5-2

要合并 A2:C2 中的数据，为什么不直接将 A2:C2 设置为函数的参数？

注意

如果要将一个区域（如 A2:C2）中的所有数据合并为一个文本字符串，应分别将每个单元格设置为函数的参数。不能将整个单元格区域设置为函数的参数，公式会返回错误值，如图 5-3 所示。

图 5-3

5.1.2 案例：使用文本连接符 & 将多个文本合并为一个

你是不是也觉得，使用 CONCATENATE
函数合并文本，最难的就是写函数的名称？

CONCATENATE 的函数名称太长，确实不便于记忆，所以在合并多个数据时，多数人都是使用文本连接符 & 来解决的。如想合并 A2:C2 这 3 个单元格中的数据，可以将公式写为

文本连接符 & 能将其左右两边的数据合并成一个字符串。

=A2&B2&C2

公式结果如图 5-4 所示。

如果要合并 3 个数据，就需要使用两个 &。
在计算时，Excel 会按从左到右的顺序，依次合并每个 & 左右两边的数据。

图 5-4

与 CONCATENATE 函数一样，使用 & 可以合并文本、数值、日期、公式等，如：
=" 今天的日期是 :"&TEXT(TODAY(),"yyyy-mm-dd")

在计算时，Excel 会先对公式 TEXT(TODAY(),"yyyy-mm-dd") 进行计算，得到表示今天日期的字符串，然后将它与 " 今天的日期是 :" 连接，形成一个新的字符串，结果如图 5-5 所示。

| A1 | ▾ | ⁝ | × | ✓ | ƒx | ="今天的日期是:"&TEXT(TODAY(),"yyyy-mm-dd") |

	A	B	C	D	E
1	今天的日期是:2024-08-21				

图 5-5

5.1.3 案例：用 CONCAT 函数轻松合并区域中的多个文本

前面提到，不管是文本连接符 &，还是 CONCATENATE 函数，在合并文本时，**参数都必须是单元格或单个数据**，而不能是单元格区域或多个数据组成的常量数组，如图 5-6 所示。

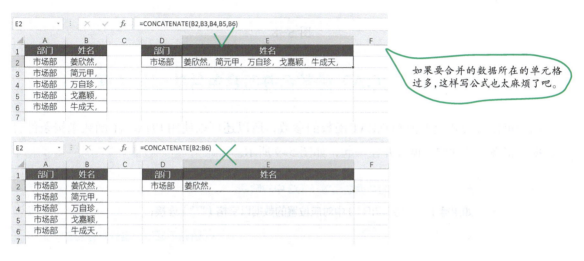

图 5-6

在 Excel 中，要合并连续区域或数组中的数据，有另外一个函数可供使用——CONCAT 函数。我们可以直接将多单元格组成的区域或数组设置为 CONCAT 函数的参数，该函数会自动对其中的每个数据进行合并，如上述的问题可以用图 5-7 所示的公式解决。

图 5-7

最多可以给 CONCAT 函数设置 253 个参数，参数可以是单独的数据，也可以是包含多个数据的区域或数组，如图 5-8 所示。

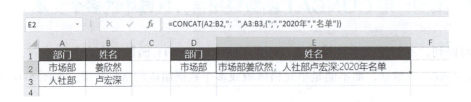

图 5-8

5.1.4　案例：用 CONCAT 函数合并符合条件的部分数据

因为可以将公式设置为 CONCAT 函数的参数，所以还可以使用 CONCAT 函数来按条件合并数据，将满足条件的数据合并在一起，如图 5-9 所示。

先用 IF 函数判断 A2:A19 中的数据是否等于 D2 中的数据，

如果等于，则将 B2:B19 中对应位置的数据以空格（" "）连接；

否则返回不包含任何字符的 ""。

=CONCAT(IF($A$2:$A$19=D2,$B$2:$B$19&"　"，""))

IF 函数返回的所有数据组成的数组就是 CONCAT 函数要合并的数据。

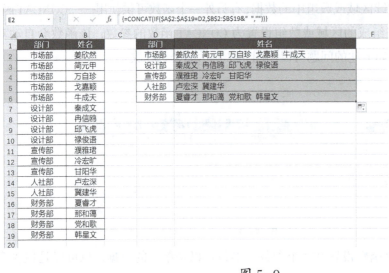

这个公式是数组公式，输入后应按<Ctrl+Shift+Enter>组合键确认。

图 5-9

5.1.5 案例：合并数据需带分隔符，用 TEXTJOIN 函数更方便

TEXTJOIN 函数也是用来合并文本的函数。

CONCAT 函数能完成的任务，TEXTJOIN 函数都能完成，并且在合并文本时，TEXTJOIN 函数**能忽略区域中的空白单元格**，还能直接**设置合并的各个数据之间的分隔符**，如图 5-10 所示。

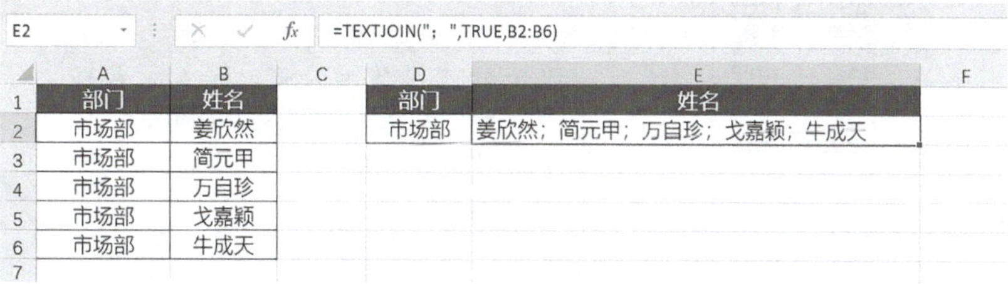

	A	B	C	D	E	F
1	部门	姓名		部门	姓名	
2	市场部	姜欣然		市场部	姜欣然；简元甲；万自珍；戈嘉颖；牛成天	
3	市场部	简元甲				
4	市场部	万自珍				
5	市场部	戈嘉颖				
6	市场部	牛成天				
7						

图 5-10

在这个公式中，共替 TEXTJOIN 函数设置了 3 个参数，具体如下。

第 1 参数：用于设置合并数据后，各个数据之间的**分隔符**。该参数应设置为一个文本数据或保存文本数据的单元格引用，如果将其设置为一个数字，则该数字将被视为文本。

第 2 参数：用于设置**是否忽略区域中的空白单元格**。该参数可以设置为逻辑值 TRUE 或 FALSE，如果设置为 TRUE 则忽略空白单元格，如果设置为 FALSE 则不忽略空白单元格。

第 3 参数：用于设置**要合并的数据**。

可以在第 3 参数之后继续添加参数来设置要合并的其他文本项，除了第 1 参数、第 2 参数外，TEXTJOIN 函数最多可以设置 252 个要合并的数据参数，每个参数都可以是单个文本、多个文本组成的常量数组或单元格区域，如图 5-11 所示。

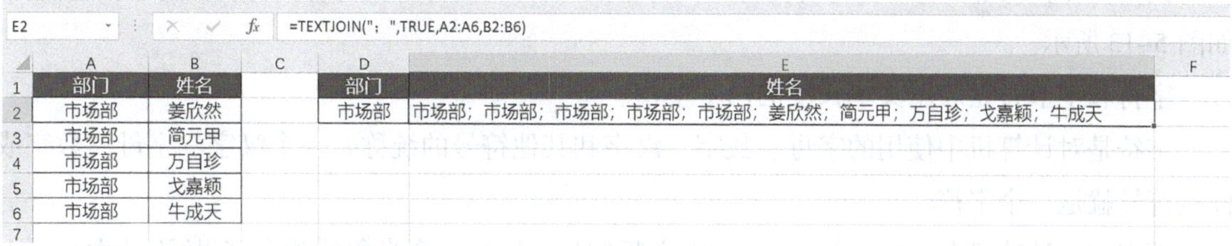

	A	B	C	D	E	F
1	部门	姓名		部门	姓名	
2	市场部	姜欣然		市场部	市场部；市场部；市场部；市场部；市场部；姜欣然；简元甲；万自珍；戈嘉颖；牛成天	
3	市场部	简元甲				
4	市场部	万自珍				
5	市场部	戈嘉颖				
6	市场部	牛成天				
7						

图 5-11

使用 TEXTJOIN 函数也能按条件合并数据，如合并相同部门员工姓名的问题，可以用图 5-12 所示的公式解决。

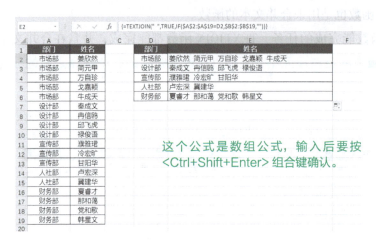

图 5-12

相较于 CONCATENATE 函数，CONCAT 函数和 TEXTJOIN 函数的功能更强，使用也更加灵活、方便，但它们都是 Excel 2019 中新增的函数，在旧版本的 Excel 中不能使用，这一点需要注意。

5.2 计算一个文本包含几个字符

5.2.1 字符和字节——文本长度的两个单位

文本的长度，就是文本包含的字符或字节个数，就像一篇作文的字数一样。

例如，文本"我是叶枫"，如果按字符计算，它的长度是 4；如果按字节计算，它的长度是 8，如图 5-13 所示。

字符和字节，是表示文本长度的两个单位。

字符是对计算机中使用的字母、数字、汉字和其他符号的统称，一个汉字、字母、数字或标点符号就是一个字符。

而字节是计算机存储数据的单位，在中文版的 Excel 中，一个半角的英文字母（不分大小写）、数字或英文标点符号占一个字节的空间，一个中文汉字、全角英文字母或数字、中文标点占两个字节的空间。

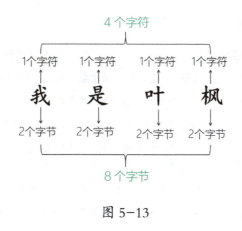

图 5-13

本节中提到的文本的长度，就是看这个文本由多少个字符组成，或占多少字节的存储空间。

5.2.2　案例：用 LEN 函数求文本包含的字符个数

如果想知道某个文本包含的字符个数，就将它设置为 LEN 函数的参数。LEN 函数的返回结果就是参数中数据包含的字符个数，如图 5-14 所示。

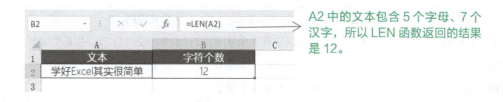

A2 中的文本包含 5 个字母、7 个汉字，所以 LEN 函数返回的结果是 12。

图 5-14

LEN 函数只能设置一个参数，参数可以是单元格引用、名称、常量和公式等。表 5-1 中列举了部分使用 LEN 函数写的公式，以及该公式的计算结果及说明，你可以借助这些公式来了解 LEN 函数的用法和用途。

表 5-1 LEN 函数的公式举例

公式	公式结果	公式说明
=LEN(23)	2	数值 23 由 2 和 3 两个数字组成，所以公式结果是 2
=LEN("89")	2	写在引号间的数字 89 是文本，由两个数字组成，所以公式结果是 2
=LEN("abDE")	4	"abDE" 由 4 个字母组成，公式结果是 4
=LEN("")	0	双引号间什么也没有，说明参数是一个不含任何字符的文本，所以公式结果为 0
=LEN(" ")	1	引号间有一个空格，所以公式结果为 1
=LEN(" 笔记本电脑 ")	5	参数是由 5 个汉字组成的字符串，所以公式结果是 5

5.2.3 案例：使用 LENB 函数求文本包含的字节个数

LENB 函数与 LEN 函数的用法完全相同，区别在于 LENB 函数按字节统计参数中数据的长度，表 5-2 所示为 LENB 函数的公式举例。

表 5-2 LENB 函数的公式举例

公式	公式结果	公式说明
=LENB(" 收入 23")	6	2 个汉字有 4 个字节，2 个数字有 2 个字节，共 6 个字节
=LENB(89)	2	2 个数字有 2 个字节
=LENB("abDE")	4	4 个字母有 4 个字节
=LENB(" Ａ Ｂ ")	4	2 个全角字母有 4 个字节
=LENB(" 笔记本电脑 ")	10	5 个汉字共有 10 个字节

5.2.4 案例：判断手机号是否正确

LEN 函数和 LENB 函数虽然只是计算数据的长度，没有对数据进行直接处理，但这个长度信息相当重要，可以在解决其他问题的过程中贡献力量。

比如，手机号由 11 个数字组成，想知道单元格中的手机号包含的数字个数是否正确，可借助 LEN 函数的计算结果来判断，如图 5-15 所示。

将 LEN 函数的计算结果与 11 进行比较，

如果不等于 11，则返回"错误"，否则返回不包含任何信息的 ""。

=IF(LEN(A2)<>11," 错误 ","")

图 5-15

这只是一个简单的例子，随着学习的深入，你会逐步接触到更多 LEN 函数与其他函数嵌套使用的例子。

5.3 查找指定字符在文本中的起始位置

5.3.1 起始位置，就是字符在文本中从左往右数第一次出现的位置

一个文本数据往往由多个字符组成，比如"Excel 其实很简单"由 10 个字符组成，其中"很"是从左往右数的第 8 个字符，8 就是"很"在"Excel 其实很简单"中的起始位置。

这就像在一串珠子中寻找某颗特定的珠子一样，总是按从左往右的顺序来数，如图 5-16 所示。

图 5-16

想知道一个文本在另一个文本中首次出现的位置，确实会数数就能解决。但面临的数据不同，数数的难度也不同，比如图 5-17 所示的问题，你能一眼就看出答案吗？

是的，并不是所有问题手动解决都会很轻松，正因为如此，人们才开发了 Excel，并且在 Excel 中设计了专门用来查找字符位置的函数。

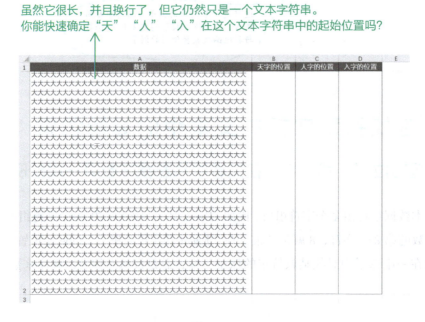

图 5-17

5.3.2　精确查找字符的起始位置，可以使用 FIND 函数

无论数据由多少个字符组成，当要查找指定的字符在其中的起始位置时，可以使用 FIND 函数来完成。如要确定"天"在 A2 保存的文本中的起始位置，可以使用图 5-18 所示的公式。

FIND 函数将在 A2 的数据中查找"天"第一次出现的位置。

$$=FIND("天",A2)$$

公式返回 283，说明"天"是 A2 保存的字符串中的第 283 个字符。

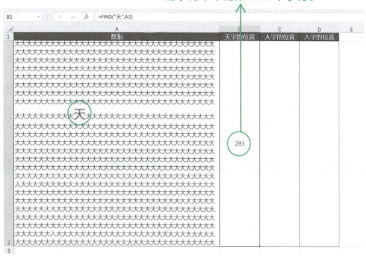

图 5-18

这个公式替 FIND 函数设置了**两个参数**，分别告诉 FIND 函数**要查找什么**，以及**在哪儿查找**。两个参数都应设置为文本数据，或保存文本数据的单元格地址。

> **考考你**
>
> 参照图 5-18 中的公式，你能写出查找"人"和"入"在 A2 中首次出现的位置的公式吗？请试一试。

FIND 函数的第 1 参数可以包含多个字符。

图 5-19 所示为查找"订单编号"在 A2 中首次出现的位置的公式。

在 A2 保存的数据信息中，"订单编号"前共有 23 个字符，"订单编号"的起始位置是第 24 个字符，所以公式返回 24。

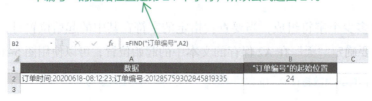

图 5-19

也就是说，无论第 1 参数的查找值包含几个字符，FIND 函数返回的都是第一个字符首次出现的位置。

如果第 2 参数的文本中不包含第 1 参数设置的文本，FIND 函数将返回错误值"#VALUE!"，如图 5-20 所示。

A2 保存的数据中没有"订单日期"这 4 个字符，FIND 函数在第 2 参数中找不到它，所以返回错误值"#VALUE!"。

图 5-20

错误值"#VALUE!"是 FIND 函数给我们的提示：找不到要查找的文本。当 FIND 函数返回错误值时，你应该知道怎样处理了吧？

当第 2 参数中存在多个查找值时，FIND 函数只返回查找值第一次出现的位置。

如果第 1 参数是"订单"，第 2 参数的 A2 中包含多个"订单"，那么 FIND 函数返回的是第一个"订单"的起始位置，如图 5-21 所示。

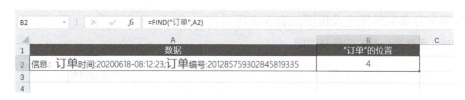

图 5-21

也就是说，FIND 函数返回的总是查找值首次出现的位置。

5.3.3 设置 FIND 函数开始查找的起始位置

在前面例子的公式中，都只给 FIND 函数设置了两个参数。

如果只给 FIND 函数设置第 1 参数、第 2 参数，它会从第 2 参数的第 1 个字符开始查找第 1 参数的文本。如果想更改函数的起始查找位置，可以通过 FIND 函数的第 3 参数指定。

比如，想在 A2 单元格保存数据的第 8 个及之后的字符中查找"订单"首次出现的位置，可以使用图 5-22 所示的公式。

第 3 参数是 8，FIND 将从 A2 单元格中文本的第 8 个字符开始查找，无论前 7 个字符中是否包含需要查找的"订单"，都不影响 FIND 函数的查找结果。

=FIND(" 订单 ",A2,8)

在第 8 个及之后的字符中，第 1 个"订单"的起始位置是第 27 个字符，所以公式返回 27。

注意

27 是从第 1 个字符开始数，而不是从第 8 个字符开始数所得的结果。

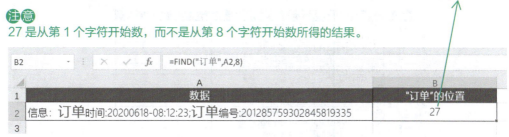

图 5-22

设置了第 3 参数，就限定了 FIND 函数查找的范围。完整的 FIND 函数拥有 3 个参数。

FIND(查找什么 , 在哪里查找 , 从第几个字符开始查找)

FIND 函数各参数的用途及说明如表 5-3 所示。

表 5-3　FIND 函数各参数的用途及说明

参数	用途	设置说明
第 1 参数	FIND 函数要查找的内容	必选参数。应设置为文本数据
第 2 参数	FIND 函数将在其中查找第 1 参数的文本	必选参数。应设置为包含第 1 参数内容的文本数据
第 3 参数	FIND 函数在第 2 参数中查找第 1 参数的起始位置	可选参数。应设置为大于 0 的正整数，如果省略，默认其值为 1

> **考考你**
>
> 　　在 A2 的文本中，第 1 个"订单"的起始位置是 4，只要将 FIND 函数的第 3 参数设置为大于 4 的数，就能跳过第 1 个"订单"，让 FIND 函数返回 A2 中第 2 个"订单"首次出现的位置。可是，大多数时候我们并不能确定第 1 个"订单"的起始位置。
>
> 　　如果希望公式始终能返回 A2 中第 2 个"订单"的起始位置，公式应该怎么写？请试一试。

5.3.4　案例：判断居住地址是否属于某个小区

　　图 5-23 所示表格的 C 列中保存的是订单对象的服务地址，现需要判断这些服务订单是否为"广大上城"小区的。

	A	B	C	D	E
1	序号	服务单号	服务地址	是否居住在"广大上城"	
2	1	105841278171	上街镇莲花村黄家大寨二组		
3	2	122688712558	红枫市金清大道广大上城C2组团		
4	3	115351777338	红枫市广大上城B1组团		
5	4	466824113264	石关村委会观清路24号广大上城9栋		
6	5	129651289787	百花区鲤鱼塘村御府一号9幢		
7	6	114965647692	广大上城B区6栋		
8	7	530600520567	万家镇方家寨村方家寨组		
9	8	882657669367	水晶集团公司新老楼31栋		
10	9	616359990628	红旗路人民广场商住楼G2栋		
11	10	141755989128	红湖区东平路阳光小区373号		
12	11	693177105343	巢凤区平原哨路216号		
13	12	498677439137	观清路21号广大上城B区7栋		
14	13	125384412417	巢凤区王二寨村		
15	14	739552127199	红枫北街水岸尚城		
16	15	806279641785	观清路广大上城B区8栋		
17	16	121886614137	红湖区水晶西路7号2单元502号		
18	17	111841071300	云岭东路源兴东城小区16栋		
19	18	467550858951	滨湖区中央美域2单元901号		
20	19	615063501911	云岭东路源兴东城小区16栋		
21					

图 5-23

这个我懂，只要服务地址中包含"广大上城"这 4 个字符，即表示它是"广大上城"小区的订单。

不错，这就是解决问题的思路。

只要借助 FIND 函数，查询"广大上城"这 4 个字符在服务地址中的起始位置，通过其返回结果即可判断是否为"广大上城"小区，如图 5-24 所示。

$$=FIND（"广大上城"，C2）$$

	A	B	C	D	E
	序号	服务单号	服务地址	是否居住在"广大上城"	
1	1	105841278171	上街镇莲花村黄家大寨二组	#VALUE!	
2	2	122688712558	红枫市金清大道广大上城C2组团	8	
3	3	115351777338	红枫市广大上城B1组团	4	
4	4	466824113264	石关村委会观清路24号广大上城9栋	12	
5	5	129651289787	百花区鲤鱼塘村御府一号9幢	#VALUE!	
6	6	114965647692	广大上城B区6栋	1	
7	7	530600520567	万家镇方家寨村方家寨组	#VALUE!	
8	8	882657669367	水晶集团公司新老楼31栋	#VALUE!	
9	9	616359990628	红旗路人民广场商住楼G2栋	#VALUE!	
10	10	141755989128	红湖区东平路阳光小区373号	#VALUE!	
11	11	693177105343	巢凤区平原哨岭216号	#VALUE!	
12	12	498677439137	观清路21号广大上城B区7栋	7	
13	13	125384412417	巢凤区王二寨村	#VALUE!	
14	14	739552127199	红枫北街水岸尚城	#VALUE!	
15	15	806279641785	观清路广大上城B区8栋	4	
16	16	121886614137	红湖区水晶西路7号2单元502号	#VALUE!	
17	17	111841071300	云岭东路源兴东城小区16栋	#VALUE!	
18	18	467550858951	滨湖区中央美域2单元901号	#VALUE!	
19	19	615063501911	云岭东路源兴东城小区16栋	#VALUE!	

图 5-24

FIND 函数返回结果为数字的，表示地址中包含"广大上城"，反之则不包含"广大上城"，借助 IF 函数判断 FIND 函数的返回结果是否为数值（或错误值）即可知道该地址是否为"广大上城"小区，如图 5-25 所示。

ISNUMBER 函数用于判断参数中的数据是否为数字，如果是数字，函数返回 TRUE，否则返回 FALSE。

=IF(ISNUMBER(FIND(" 广大上城 ",C2))," 是 "," 否 ")

序号	服务单号	服务地址	是否居住在"广大上城"
1	1058841278171	上街镇莲花村黄家大寨二组	否
2	122688712558	红枫市金清大道广大上城C2组团	是
3	115351777338	红枫市广大上城B组团	是
4	466824113264	石关村委会观清路24号广大上城9栋	是
5	129651289787	百花区鲤鱼塘村御府一号9幢	否
6	1149665647692	广大上城B区6栋	是
7	530600520561	万家镇方家寨村方家寨组	否
8	882657669367	水晶集团公司新老楼31栋	否
9	616359990628	红旗路人民广场商住楼G2栋	否
10	141755989128	红湖区东平路阳光小区373号	否
11	693177105343	巢凤路平原哨路216号	否
12	498677439137	观清路21号广大上城B区7栋	是
13	125384412417	巢凤路王二寨村	否
14	7395552127199	红枫北街水岸尚城	否
15	806279641785	观清路广大上城B区8栋	是
16	121886614137	红湖区水晶西路7号2单元502号	否
17	111841071300	云岭东路源兴东城小区16栋	否
18	467550858951	滨湖区中央美城2单元901号	否
19	615063501911	云岭东路源兴东城小区16栋	否

图 5-25

5.3.5　用 SEARCH 函数按模糊条件查找字符的起始位置

SEARCH 函数和 FIND 函数的用法相似，它们都拥有 3 个参数，各参数的设置及用途也相同。

SEARCH(查找什么，在哪里查找，从第几个字符开始查找)

并且大多数时候，SEARCH 函数与 FIND 函数的查找结果也相同，可以互相代替使用，如图 5-26 所示。

数据	"订单编号"的起始位置
订单时间:20200618-08:12:23;订单编号:201285759302845819335	24

=SEARCH("订单编号",A2)

数据	"订单"的位置
信息: 订单时间:20200618-08:12:23;订单编号:201285759302845819335	4

=SEARCH("订单",A2)

数据	"订单"的位置
信息: 订单时间:20200618-08:12:23;订单编号:201285759302845819335	27

=FIND("订单",A2,8)

图 5-26

那么这两个函数的区别到底是什么呢？

SEARCH 函数与 FIND 函数的区别有两个：一是 SEARCH 函数不区分大小写，而 FIND 函数区分大小写；二是 SEARCH 函数的第 1 参数支持使用通配符设置模糊的查找内容，而 FIND 函数不支持。

5.3.6　用 SEARCH 函数查找字符位置时不区分大小写

如果要查找的字符包含英文字母，且不确定英文字母的大小写，应使用 SEARCH 函数，如图 5-27 所示。

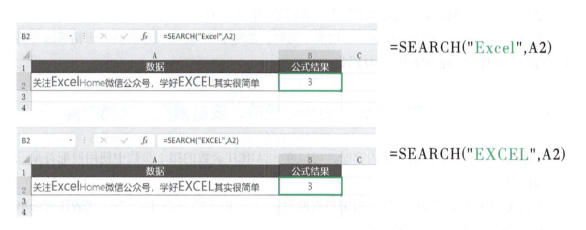

图 5-27

无论查找的是"Excel"还是"EXCEL"，SEARCH 函数返回的都是 A2 中"Excel"的起始位置 3。让我们看看使用 FIND 函数来查找会返回什么结果，如图 5-28 所示。

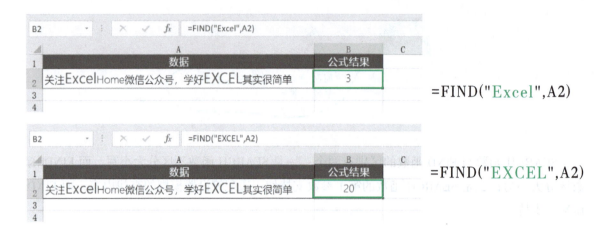

图 5-28

当查找"EXCEL"时，FIND 函数返回的是"EXCEL"的起始位置 20，而不是"Excel"的起始位置 3。由此可见，在 FIND 函数的"眼"中，大写字母"E"和小写字母"e"是两个不同的字符，而在 SEARCH 函数的"眼"中，它们是相同的字符。

所以，**当不确定查找值中英文字母的大小写时，应该使用 SEARCH 函数**；想精确区分英文字母的大小写时，应该使用 FIND 函数。

5.3.7　在 SEARCH 函数中使用通配符，设置模糊的查找内容

当不确定要查找信息的全部内容时，可以在 SEARCH 函数的第 1 参数中使用通配符来设置查询内容。

可以在 SEARCH 函数中使用的通配符有两种："?"和"*"。其中，"?"代表任意的单个字符，"*"代表任意多个的任意字符。

举个例子：现要在 A2 的文本中查找某个人的姓名，但不确定这个姓名是"刘小林"还是"刘晓林"时，就可以借助通配符"?"来设置查找内容的第 2 个字符，将 SEARCH 函数的第 1 参数设置为"刘?林"，如图 5-29 所示。

"刘？林"将代替任意以"刘"开头，以"林"结尾的 3 个字符。可以代替"刘小林""刘晓林"，也可以代替"刘大林""刘 2 林""刘 a 林"等。但不能代替"刘林""刘二三林""刘工小林"等不是 3 个字符的文本。

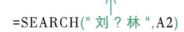

=SEARCH(" 刘 ？ 林 ",A2)

图 5-29

如果不确定起始字符和终止字符之间有多少个字符，可以用通配符"*"来设置查找的文本，如图 5-30 所示。

"杨梅 * 刘小林"将代替任意以"杨梅"开头、以"刘小林"结尾的文本。
可以代替"杨梅刘小林""杨梅张三李四好香刘小林"等。

=SEARCH(" 杨梅 * 刘小林 ",A2)

B2	▾	×	√	fx	=SEARCH("杨梅*刘小林",A2)
	A	B	C
1	数据	公式结果	
2	订单日期:20200724; 商品:杨梅,5斤装;接单人:刘小林; 订单编号:38273674857	18	
3			

B2	▾	×	√	fx	=SEARCH("杨梅*刘小林",A2)
	A	B	C
1	数据	公式结果	
2	订单日期:20200728; 商品:促销款,2斤装;杨梅;接单人:刘小林; 单价: 8元/斤	26	
3			

图 5-30

5.3.8 查找字符"*"和"?"时，公式应这样写

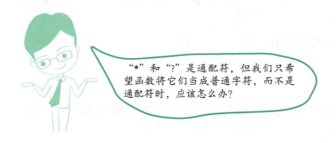

"*"和"?"是通配符，但我们只希望函数将它们当成普通字符，而不是通配符时，应该怎么办？

当要查找字符"*"和"?"本身时，有以下两种解决办法。

一是使用不支持通配符的 FIND 函数来解决，如图 5-31 所示。

图 5-31

二是在 SEARCH 函数中，在需要当作普通字符的"*"或"?"前加上波形符"~"。SEARCH 函数会把加上"~"的"*"和"?"当成普通字符，而不再是通配符，如图 5-32 所示。

$$=SEARCH("~*",A2)$$

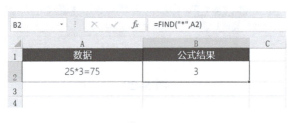

图 5-32

5.3.9 用 FINDB 和 SEARCHB 函数按字节查找字符的起始位置

FINDB、SEARCHB 函数的用法分别与 FIND、SEARCH 函数大致相同，区别在于 FINDB、SEARCHB 返回的值按字节计算，而 FIND 和 SEARCH 返回的值按字符计算，如图 5-33 所示。

"Home"的前面有"关注 Excel"共 7 个字符。其中"关注"是汉字，每个汉字为 2 个字节，共 4 个字节；"Excel"是字母，每个字母为 1 个字节，共 5 个字节，所以"Home"的起始位置是第 10 个字节，公式返回的结果就是 10。
B2
=FINDB("Home",A2)
数据
公式结果
关注ExcelHome微信公众号，学好Excel其实很简单
10
B2
=SEARCHB("Home",A2)
数据
公式结果
关注ExcelHome微信公众号，学好Excel其实很简单
10

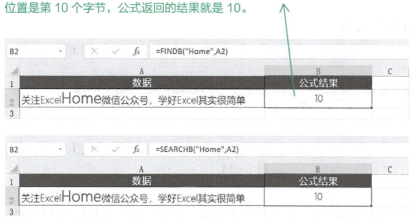

图 5-33

如果你忘了字符和字节的区别，可以看看 5.2.1 小节中的内容。

5.4 截取字符串中的部分信息

5.4.1 用 LEFT 函数截取字符串左边的部分字符

图 5-34 所示表格的 A2 单元格中保存的文本包含订单日期、订单商品、数量等信息，其中订单日期从文本最左端第 1 个字符开始共 13 个字符，即"订单日期:20200718"。

订单信息
订单日期:20200718；订单商品:杨梅；数量:5斤

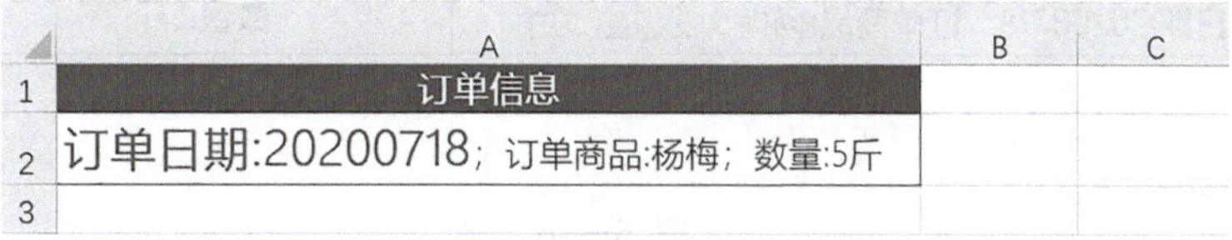

图 5-34

如果要将左边这 13 个字符截取出来，保存在其他列的单元格中，就可以使用 LEFT 函数，解决方法如图 5-35 所示。

LEFT 函数会从 A2 单元格保存的文本中截取最左端的 13 个字符。

=LEFT(A2,13)

图 5-35

从哪个字符串中截取、截取多少个字符，每个截取字符的任务都需要提供这两项信息。所以，LEFT 函数的两个参数都是必须设置的参数。

5.4.2　用 RIGHT 函数截取字符串右边的部分字符

除了截取字符的方向不同外，RIGHT 函数的用法与 LEFT 函数相同：RIGHT 函数从右边截取，LEFT 函数从左边截取。

如果要截取 A2 中文本右边的 5 个字符，可以用图 5-36 所示的公式。

图 5-36

5.4.3　用 MID 函数截取字符串中任意位置的部分字符

如果要截取字符串中间的部分信息，如图 5-37 所示表格中的订单商品数据，可以使用 MID 函数来解决。

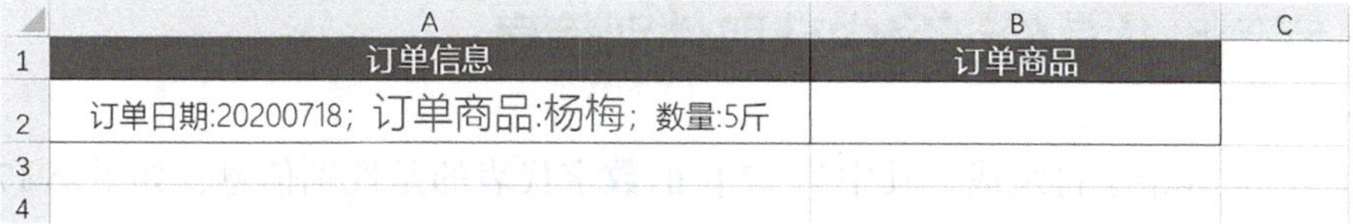

图 5-37

类似这样的问题，可以使用 MID 函数来解决。只要通过参数告诉 MID 函数，要从哪个字符串中截取、从第几位开始截取、截取多少个字符，它就能完成字符截取的任务，如图 5-38 所示。

A2 是要截取的字符串，15 表示要从第 15 位开始截取，7 表示一共需要截取 7 个字符。
即截取 A2 中文本的第 15 个字符开始的 7 个字符。

=MID(A2,15,7)

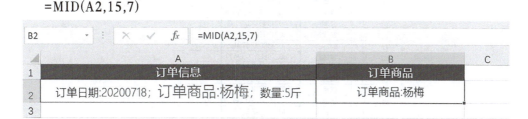

图 5-38

5.4.4 用 LEFTB、RIGHTB 和 MIDB 函数按字节截取字符

LEFTB、RIGHTB 和 MIDB 这 3 个函数也可用于截取字符串，它们的用法分别与 LEFT、RIGHT 和 MID 函数类似，区别在于前者按字节截取字符串，后者按字符截取字符串，如图 5-39 所示。

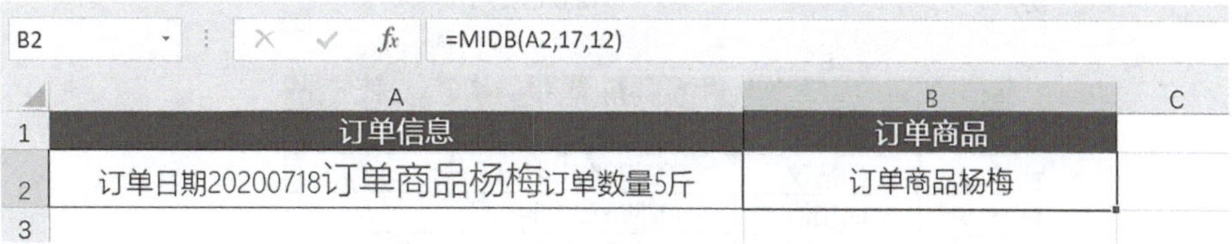

图 5-39

5.4.5 案例：从身份证号中获取性别信息

身份证号由 18 个字符组成，其中第 17 位的数字代表的是性别信息：如果第 17 位的数字是奇数则性别为男，是偶数则性别为女。

所以，可以通过判断第 17 个数字的奇偶来获得身份证号主人的性别信息。

举例：在图 5-40 所示的表格中，C 列保存的是身份证号（虚拟）。

序号	姓名	身份证号	性别
1	曹夏兰	5301102198805256118	
2	蓟婧玟	5301102198401141412	
3	司和怡	3501102198703164727	
4	鄂家欣	5301102199907164729	
5	谢端雅	5301102198612082822	
6	鱼梅红	5301102199009197917	
7	文柔洁	5301102199411015126	
8	隆柏颜	5601102198305025928	
9	公羽彤	5301102199612027114	
10	龙代珊	3501102199905243412	
11	赵冷卉	5101988032479199	
12	金嫣钰	5301102198807099419	
13	古安琪	5301102199007142222	
14	巢青木	5301102199002057610	
15	曾雨花	5301102199711076112	
16	宿冰月	3501102198409074424	
17	徐谷波	5301102199102234227	
18	印千兰	5301102198002050723	
19	蒯代双	5301102198610088322	
20	白彦灵	5301102198609161319	

图 5-40

第 1 步：记录性别的是第 17 个数字，要从中获得性别信息，需要先提取身份证号中的第 17 个数字。可以用 MID 函数提取，如图 5-41 所示。

D2		× ✓ fx	=MID(C2,17,1)	

序号	姓名	身份证号	性别
1	曹夏兰	102198805256118	1
2	蓟婧玟	102198401141412	1
3	司和怡	102198703164727	2
4	鄂家欣	102199907164729	2
5	谢端雅	102198612082822	2

图 5-41

也可以使用 RIGHT 或 LEFT 函数获得这个数字，只是公式可能要稍微复杂一些，如图 5–42 所示。

图 5–42

第 2 步：借助 MOD 函数即可判断该数字是奇数还是偶数，如图 5–43 所示。

MOD 函数用于求身份证号中第 17 个数字与 2 相除所得的余数。
如果余数是 1，说明这个数字是奇数；如果余数是 0，说明这个数字是偶数。

=MOD(MID(C2,17,1),2)

图 5–43

第 3 步：借助 IF 函数即可获得男或女的性别信息，如图 5–44 所示。

Excel 函数其实很简单（第2版）

=IF(MOD(MID(C2,17,1),2)=1,"男","女")

图 5-44

在使用 IF 函数时，第 1 参数如果是非 0 的数值，这个数值会被当成逻辑值 TRUE；如果第 1 参数是数值 0，则会被当成逻辑值 FALSE。所以本例可以省略将 MOD 函数结果与 1 对比的步骤，如图 5-45 所示。

MOD 函数返回的结果不是 1 就是 0（1 对应"男"，0 对应"女"），所以可以直接将 MOD 函数设置为 IF 函数的第 1 参数。

=IF(MOD(MID(C2,17,1),2)," 男 "," 女 ")

图 5-45

5.4.6 案例：截取数据中不含扩展名的文件名称

在截取文件中的数据时，我们预先可能并不知道要截取多少个字符，而需要根据字符串本身的结构来确定。

比如，在图 5-46 所示的数据中，要截取 A 列数据中不含扩展名的文件名称，则待截取信息的字符数不是固定的。

	A
1	数据
2	Excel函数其实很简单.xlsx
3	学好Excel的几点建议.docx
4	Excel VBA其实很简单.pdf
5	那些年我拍过的照片.jpg
6	数据库.dbf
7	函数教程.mp4
8	ExcelHome主页.html

A 列中保存的是包含扩展名的文件名称，其中“.”前的为主文件名（要截取的内容），“.”之后的是扩展名。

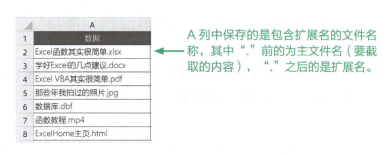

图 5–46

A 列中的文件名称长短不一，要截取多少个字符，需要根据“.”的位置确定。

解决类似的问题，可以先借助 FIND 函数找到分隔符“.”的位置，再以此确定要截取的字符个数，如图 5–47 所示。

B2 =LEFT(A2,FIND(".",A2)-1)

	A	B
1	数据	文件名称
2	Excel函数其实很简单.xlsx	Excel函数其实很简单
3	学好Excel的几点建议.docx	学好Excel的几点建议
4	Excel VBA其实很简单.pdf	Excel VBA其实很简单
5	那些年我拍过的照片.jpg	那些年我拍过的照片
6	数据库.dbf	数据库
7	函数教程.mp4	函数教程
8	ExcelHome主页.html	ExcelHome主页

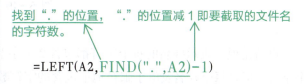

找到“.”的位置，“.”的位置减 1 即要截取的文件名的字符数。

=LEFT(A2,FIND(".",A2)-1)

图 5–47

应用同样的思路，还可以截取文件的扩展名，如图 5–48 所示。

LEN 返回的是 A2 中的字符个数，FIND 返回的是“.”及之前包含的字符数，二者之差即“.”之后的字符数。

=RIGHT(A2,LEN(A2)-FIND(".",A2))

B2 =RIGHT(A2,LEN(A2)-FIND(".",A2))

	A	B	C
1	数据	扩展名	
2	Excel函数其实很简单.xlsx	xlsx	
3	学好Excel的几点建议.docx	docx	
4	Excel VBA其实很简单.pdf	pdf	
5	那些年我拍过的照片.jpg	jpg	
6	数据库.dbf	dbf	
7	函数教程.mp4	mp4	
8	ExcelHome主页.html	html	

图 5–48

5.4.7　案例：分离数据中的中文姓名和电子邮箱地址

图 5-49 所示表格的 A 列中保存了一些中文姓名 + 电子邮箱地址的数据（本例中的数据纯属虚构），其中中文姓名在前，电子邮箱地址在后。

在这些数据中，表示姓名的内容都由汉字组成，表示电子邮箱地址的内容都由数字、字母及符号组成。

	A	B	C	D
1	数据	姓名	邮箱	
2	区健1435927@qq.com			
3	轩辕宏毅1251619@qq.com			
4	利秀荣11323279@qq.com			
5	和若谷13961175@qq.com			
6	厉涛13212648@qq.com			
7	练杨氏14684326@qq.com			
8	章佳鸿云121185@qq.com			
9	楚秀荣112760@qq.com			
10	茆湛1728619@qq.com			
11				

图 5-49

也就是说，表示姓名的每个字符都包含 2 个字节，表示电子邮箱地址的每个字符都包含 1 个字节，但是每个姓名及电子邮箱地址包含的字符数不固定。

1 个汉字包含 2 个字节，1 个数字或字母包含 1 个字节，要解决上述问题，可以在这个区别上展开思考。

有了思路，自然就有了解决问题的方法，图 5-50 所示为其中的一种方法。

字符串包含的字节数与字符数的差，就是这个字符串包含的汉字的个数。这一点你能想明白吗?

=LEFT(A2,LENB(A2)−LEN(A2))

图 5-50

如果要截取数据中的电子邮箱地址，思路也与前面相同，如图 5-51 所示。

数据中字符个数的 2 倍与字节个数之差，即包含的单字节字符个数，将其设置为 RIGHT 的第 2 参数，即可截取到数据右边的电子邮箱地址。

=RIGHT(A2,2*LEN(A2)−LENB(A2))

图 5-51

　　解决问题的关键是思路，思路不同，解决的策略也不相同，如截取左端的汉字信息还可以用图 5-52 所示的方法。

使用 SEARCHB 函数查找第 1 个单字节字符出现的位置，该位置前面的
即表示姓名的字符，用 LEFTB 函数将其截取出来即可。

=LEFTB(A2,SEARCHB("?",A2)−1)

	A	B	C	D
	数据	姓名	邮箱	
2	区健1435927@qq.com	区健		
3	轩辕宏毅1251619@qq.com	轩辕宏毅		
4	利秀荣11323279@qq.com	利秀荣		
5	和若谷13961175@qq.com	和若谷		
6	厉涛13212648@qq.com	厉涛		
7	练杨氏14684326@qq.com	练杨氏		
8	章佳鸿云121185@qq.com	章佳鸿云		
9	楚秀荣112760@qq.com	楚秀荣		
10	莳湛1728619@qq.com	莳湛		
11				

图 5−52

根据这个思路也能方便地截取到数据中的电子邮箱地址信息，如图 5−53 所示。

C2 =RIGHTB(A2,LENB(A2)-SEARCHB("?",A2)+1)

	A	B	C	D
1	数据	姓名	邮箱	
2	区健1435927@qq.com	区健	1435927@qq.com	
3	轩辕宏毅1251619@qq.com	轩辕宏毅	1251619@qq.com	
4	利秀荣11323279@qq.com	利秀荣	11323279@qq.com	
5	和若谷13961175@qq.com	和若谷	13961175@qq.com	
6	厉涛13212648@qq.com	厉涛	13212648@qq.com	
7	练杨氏14684326@qq.com	练杨氏	14684326@qq.com	
8	章佳鸿云121185@qq.com	章佳鸿云	121185@qq.com	
9	楚秀荣112760@qq.com	楚秀荣	112760@qq.com	
10	莳湛1728619@qq.com	莳湛	1728619@qq.com	
11				

图 5−53

同一个问题，解决的思路不同，写出
的公式也不同。学习写公式的同时，
也在学习各种解决问题的思路。

比如，要获得本例数据中的电子邮箱地址信息，还可以用图 5−54 所示的公式。

100 是要截取的数据包含的字节数，因为数据中的电子邮箱地址都没有
超过 100 个字节，所以这里将参数设置为 100。

=MIDB(A2,SEARCHB("?",A2),100)

C2		× ✓ fx	=MIDB(A2,SEARCHB("?",A2),100)	
	A	B	C	D
1	数据	姓名	邮箱	
2	区健1435927@qq.com	区健	1435927@qq.com	
3	轩辕宏毅1251619@qq.com	轩辕宏毅	1251619@qq.com	
4	利秀荣11323279@qq.com	利秀荣	11323279@qq.com	
5	和若谷13961175@qq.com	和若谷	13961175@qq.com	
6	厉涛13212648@qq.com	厉涛	13212648@qq.com	
7	练杨氏14684326@qq.com	练杨氏	14684326@qq.com	
8	章佳鸿云121185@qq.com	章佳鸿云	121185@qq.com	
9	楚秀荣112760@qq.com	楚秀荣	112760@qq.com	
10	茆湛1728619@qq.com	茆湛	1728619@qq.com	
11				

为了保证公式总能返回正确的结果，你可以将 MIDB 函数的第 3 参数设置为任意一个大于要截取信息包含字节的数字。

图 5-54

5.4.8 案例：将金额数字按数位拆分到多列中

你可能会遇到类似图 5-55 所示的将金额（单位：元）拆分并保存到多列的问题。

将 D 列的"金额合计"按数位拆分到 E:N 列的区域中。

	A	B	C	D	E	F	G	H	I	J	K	L	M	N	O
1	商品名称	单价	数量	金额合计	金额										
2					千	百	十	万	千	百	十	元	角	分	
3	无线话筒	625.28	4	2501.12											
4	HP激光打印机	1028.98	25	25724.50											
5	显示器	988.88	38	37577.44					?						
6	笔记本电脑	5888.68	38	223769.84											
7	墨粉	38.12	12	457.44											
8															

图 5-55

这么多数据，如果手动拆分它们，想想都很头疼。

看似很麻烦的问题，对 Excel 而言并非难事，而且解决的方法不止一种，下面介绍其中的一种解决方法。

第 1 步：在 E3 单元格中输入图 5-56 所示的公式。

"￥"的前面有一个空格。

=LEFT(RIGHT(" ￥"&$D3*100,COLUMN($N:$N)-COLUMN(D:D)),1)

图 5-56

第 2 步：使用自动填充的方式，将公式复制到其他列和行中，如图 5-57 所示。

图 5-57

好好研究一下这个公式，当你把它真正弄明白之后，我相信你学会的不只是解决这个问题的公式。

对于大多数问题，解决问题的办法往往不止一种，使用的函数不同，写出的公式也不同，比如本例中的问题，还可以用图 5-58 所示的公式来解决。

"￥"的前面有一个空格。　　　　COLUMNS 函数返回其中区域包含的列数。

$$=LEFT(RIGHT("\ ￥"\&\$D3*100,COLUMNS(E:\$N)),1)$$

	A	B	C	D	E	F	G	H	I	J	K	L	M	N	O
1	商品名称	单价	数量	金额合计						金额					
2						千	百	十	万	千	百	十	元	角	分
3	无线话筒	625.28	4	2501.12				￥	2	5	0	1	1	2	
4	HP激光打印机	1028.98	25	25724.50			￥	2	5	7	2	4	5	0	
5	显示器	988.88	38	37577.44			￥	3	7	5	7	7	4	4	
6	笔记本电脑	5888.68	38	223769.84		￥	2	2	3	7	6	9	8	4	
7	墨粉	38.12	12	457.44				￥	4	5	7	4	4		

图 5-58

5.5 将文本中的部分字符替换为新字符

5.5.1 用 SUBSTITUTE 函数替换指定的字符

将所有指定的字符替换为新字符

对一些已经存在的数据，其中的某些字符可能是错误的，需要对其进行修正，如图 5-59 所示表格中的日期分隔符 "."。

125

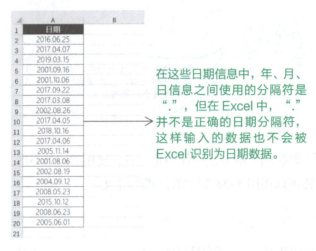

图 5-59

要将这些信息修正为 Excel 能识别的日期信息，需要将"."替换为"-"或"/"，如果要用公式来解决，可以使用 SUBSTITUTE 函数，公式如图 5-60 所示。

第 1 参数（A2）中保存的是替换前的原字符，第 2 参数（"."）是要替换的旧字符，第 3 参数"/"是用于替换旧字符的新字符。

$$=SUBSTITUTE(A2,".","/")$$

	A	B	C
	日期	修正的日期	
2	2016.06.25	2016/06/25	
3	2017.04.07	2017/04/07	
4	2019.03.15	2019/03/15	
5	2001.09.16	2001/09/16	
6	2001.10.06	2001/10/06	
7	2017.09.22	2017/09/22	
8	2017.03.08	2017/03/08	
9	2002.08.26	2002/08/26	
10	2017.04.05	2017/04/05	
11	2018.10.16	2018/10/16	
12	2017.04.06	2017/04/06	
13	2005.11.14	2005/11/14	
14	2001.08.06	2001/08/06	
15	2002.08.19	2002/08/19	
16	2004.09.12	2004/09/12	
17	2008.05.23	2008/05/23	
18	2015.10.12	2015/10/12	
19	2008.06.23	2008/06/23	
20	2005.06.01	2005/06/01	
21			

图 5-60

注意

因为 SUBSTITUTE 函数返回的结果是文本，所以本例中公式得到的只是具有日期外观的文本数据。如要将其变为真正的日期数据，还需要对其进行转换，相应的方法后文会介绍。

使用 SUBSTITUTE 函数，也可以替换由多个字符组成的一串字符，如图 5-61 所示。

图 5-61

只替换某次出现的字符为新字符

如果只给 SUBSTITUTE 函数设置 3 个参数，函数会将文本（第 1 参数）中所有指定的旧字符（第 2 参数）替换为新字符（第 3 参数），如图 5-62 所示。

A2 的文本中包含两个"Excel"，
只有第 2 次出现的才是我们希望替换的，
但这个公式将两个"Excel"都替换为了"函数公式"。

=SUBSTITUTE(A2,"Excel"," 函数公式 ")

图 5-62

要解决这个问题，可以通过 SUBSTITUTE 函数的第 4 参数指定要替换第几次出现的旧字符（第 2 参数），如图 5-63 所示。

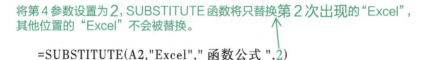

=SUBSTITUTE(A2,"Excel"," 函数公式 ",2)

图 5-63

SUBSTITUTE 函数的参数及用途

SUBSTITUTE 函数共有 4 个参数，其语句结构为

SUBSTITUTE（原文本 , 旧字符 , 新字符 , 替换第几次出现的旧字符）

其中，前 3 个参数是必须设置的参数，第 4 参数可以省略，各参数的用途及设置说明如表 5-4 所示。

表 5-4　SUBSTITUTE 函数各参数的用途及设置说明

参数	用途	设置说明
第 1 参数	设置要替换其中字符的原文本	必选参数。应设置为一个文本数据
第 2 参数	设置要替换的旧字符	必选参数。应设置为一个文本数据，这个文本数据应是第 1 参数中包含的部分内容
第 3 参数	设置要替换旧字符（第 2 参数）的新字符	必选参数。应设置为一个文本数据
第 4 参数	设置要替换第 1 参数中第几次出现的旧字符（第 2 参数）	可选参数。应设置为一个大于 0 的正整数，如果省略，默认将第 1 参数中包含的所有旧字符（第 2 参数）替换为新字符（第 3 参数）

5.5.2　案例：统计保存在同一单元格中的各组人数

在图 5-64 所示的表格中，B 列保存的是各组的人员姓名，不同姓名之间使用逗号分隔，现要在 C 列中统计各组的人数。

组别	姓名	人数
第1组	萧芷琪，宋溪澈，贡岚翠，通乐悦，邱天真，谭晨星，勾思涵，库水芸，毛童童，养夏瑶，菱映阳，菱凝旋，邵悦来，蒲千城，吴绿蓉，逢梦竹，燕欣悦，金芮悦	
第2组	殳安娜，隆清佳，羿雁玉，沃仲舒，阴贝莉，晁夜梦，詹书文，符伶俐，扈悦书，莘红梅，能夏璇，辛怀思，桓淼淼，束干束，党妍雅，宦问柳，任诗双，劳傲儿，祖欣合，顾希蓉	
第3组	盖韵流，姚闲丽，敖柔淑，库妙蓑，宫英华，公怜云，何姝丽，龚真洁，寿访旋，融以云，慕玄静，康微婉，谭悦玮	
第4组	冯娜娜，郜雯丽，郗韶敏，向文英，党晓巧，相秀丽，容雪兰，朱梓婧，乌闵丽，充丝琦，宰津童，暨安荷，简妮子，习书南，库冰海，蒲阳霁，隆易烟	
第5组	姚安娅，郏飞瑶，杜雪环，麴白莲，庄柳瑾，牛凡梅，潘仙仪，石晓兰，钱兰梦	
第6组	尚冰彦，谢卓逸，连初阳，曹痴旋，乜莞然，黎媛娜，党尔白，孟飞柏，巴听荷，蒲新雅，终曹文，家未步，杨冷安，孟雅琴，须际红，阚逸雅，温娟丽，彭绿真，幸华楚，孔怀柔，浦熙柔，谭凌蝶，段彤彤	

图 5-64

要解决这个问题，就可以使用 SUBSTITUTE 函数。

思路提示

用 SUBSTITUTE 函数将姓名之间的分隔符"，"去掉，再用 LEN 函数求得替换前、后数据包含的字符数，二者之差即替换前的分隔符"，"的个数将其加 1，即每组人数。

按照以上思路可写出解决问题的公式，如图 5-65 所示。

注意

若单元格中的逗号是全角的，公式这里也必须是全角逗号，反之亦然。

=LEN(B2)-LEN(SUBSTITUTE(B2,"，",""))+1

C2 =LEN(B2)-LEN(SUBSTITUTE(B2,"，",""))+1

	A	B	C	D
1	组别	姓名	人数	
2	第1组	萧芷琪，宋溪澈，贡岚翠，通乐悦，邱天真，谭晨星，勾思涵，库水芸，毛童童，养夏瑶，菱映阳，菱凝旋，邵悦来，蒲千城，吴绿蓉，逢梦竹，燕欣悦，金芮悦	18	
3	第2组	殳安娜，隆清佳，羿雁玉，沃仲舒，阴贝莉，晁夜梦，詹书文，符伶俐，扈悦书，莘红梅，能夏璇，辛怀思，桓淼淼，束千束，党妍雅，宦问柳，任诗双，劳傲儿，祖欣合，顾希蓉	20	
4	第3组	盖韵流，姚闲丽，敖柔淑，库妙菱，宫英华，公伶云，何姝丽，龚真洁，寿访旋，融以云，慕玄静，康微婉，谭悦玮	13	
5	第4组	冯娜娜，郜雯丽，郗韶敏，向文英，党晓巧，相秀丽，容雪兰，朱梓婧，乌阂丽，充丝琦，宰津童，暨安荷，简妮子，习书南，库冰海，蒲阳霁，隆易烟	17	
6	第5组	姚安娅，郑飞瑶，杜雪环，鞠白莲，庄柳瑾，牛凡梅，潘仙仪，石晓兰，钱兰梦	9	
7	第6组	尚冰彦，谢卓逸，连初阳，曹痴旋，乜莞然，黎媛娜，党尔白，孟飞柏，巴听荷，蒲新雅，终曹文，家未步，杨泠安，孟雅琴，须际红，阚逸雅，温娟丽，彭绿真，幸华楚，孔怀柔，浦熙柔，谭凌蝶，段彤彤	23	
8				

图 5-65

5.5.3 案例：加密隐私数据（如电话号码中的部分信息）

对于一些私密的信息（如电话号码、身份证号、银行卡号等），在将其对外公示的时候，可能需要将其中的部分信息进行隐藏，以加密的形式显示，如图 5-66 所示。

	A	B	C
1	手机号		
2	188*****448		
3	186*****497		
4	137*****364		
5	130*****515		
6	139*****086		
7	185*****343		
8	177*****406		
9	181*****351		
10	171*****864		

将电话号码中间的 5 位数字显示为“*”，这样就不会泄露个人信息了。

图 5-66

怎样将图 5-67 所示的完整的电话号码快速进行加密呢（本列中的号码纯属虚构）？

	A	B	C
1	手机号		
2	18890093448		
3	18684171497		
4	13745923364		
5	13078935515		
6	13915126086		
7	18546019343		
8	17776299406		
9	18130808351		
10	17177903864		
11	18677659610		
12	17792337595		
13	13753636761		

图 5-67

第 1 步：使用 MID 函数将中间的 5 个字符截取出来，如图 5-68 所示。

=MID（A2，4，5）

B2		× ✓ fx	=MID(A2,4,5)	
	A	B		C
1	手机号	中间的5个数字		
2	18890093448	90093		
3	18684171497	84171		
4	13745923364	45923		
5	13078935515	78935		
6	13915126086	15126		
7	18546019343	46019		
8	17776299406	76299		
9	18130808351	30808		
10	17177903864	77903		
11	18677659610	77659		
12	17792337595	92337		
13	13753636761	53636		
14	18671364966	71364		

图 5-68

第 2 步：使用 SUBSTITUTE 函数将截取出来的 5 个字符替换为 5 个 "*"，如图 5-69 所示。

	A	B	C	D
	C2		=SUBSTITUTE(A2,B2,"*****")	
1	手机号	中间的5个数字	替换5个数字为*	
2	18890093448	90093	188****448	
3	18684171497	84171	186****497	
4	13745923364	45923	137****364	
5	13078935515	78935	130****515	
6	13915126086	15126	139****086	
7	18546019343	46019	185****343	
8	17776299406	76299	177****406	
9	18130808351	30808	181****351	
10	17177903864	77903	171****864	
11	18677659610	77659	186****610	
12	17792337595	92337	177****595	
13	13753636761	53636	137****761	
14	18671364966	71364	186****966	

B 列保存的是用 MID 函数从电话号码中截取所得的 5 个数字，也是需要替换为"*"的字符。

图 5-69

我们可以直接将 MID 函数返回的结果设置为 SUBSTITUTE 函数的第 2 参数，嵌套使用 MID 函数和 SUBSTITUTE 函数，这样使用一个公式即可完成加密电话号码的任务，如图 5-70 所示。

Excel 会先计算最里层的 MID 函数，将 MID 函数返回的结果设置为 SUBSTITUTE 函数的第 2 参数。

=SUBSTITUTE(A2,MID(A2,4,5),"*****")

	A	B	C	D
	B2	=SUBSTITUTE(A2,MID(A2,4,5),"*****")		
1	手机号	加密电话号码		
2	18890093448	188****448		
3	18684171497	186****497		
4	13745923364	137****364		
5	13078935515	130****515		
6	13915126086	139****086		
7	18546019343	185****343		
8	17776299406	177****406		
9	18130808351	181****351		
10	17177903864	171****864		
11	18677659610	186****610		
12	17792337595	177****595		
13	13753636761	137****761		

图 5-70

等等，我好像发现了一个问题：这个
公式加密的不一定都是中间的 5 个字
符，如图 5-71 所示。

	A	B	C	D
	手机号	加密电话号码		
1				
2	18818818448	*****818448		
3	18684171497	186*****497		
4	13777777364	13*****7364		
5	13030303515	1*****03515		
6	13915126086	139*****086		
7	18546019343	185*****343		
8				

B2 | =SUBSTITUTE(A2,MID(A2,4,5),"*****")

图 5-71

出现这种与期望不符的加密结果，是因为使用 MID 函数截取的中间 5 个字符，在电话号码的第 5 个字符之前就已经出现了，这样，再使用 SUBSTITUTE 函数进行加密的时候，会加密前面已经出现过的字符，而不是中间的 5 个字符。

比如，对于电话号码 13030303515，中间的 5 个字符是 30303，第 2 个到第 6 个字符也是 30303（13030303515），SUBSTITUTE 函数会把第 2 到第 6 个字符替换为 "*****"，导致公式结果与期望的结果不符。

中间的 5 个字符是 30303

13030303515

这 5 个字符也是 30303

有办法只固定加密第 4 个到
第 8 个字符吗？

解决的办法当然有，而且不止一种。比如，Excel 中按位置替换字符的 REPLACE 函数就能解决该问题。下面来看看这个函数的用法。

5.5.4 用 REPLACE 函数替换指定位置的字符

REPLACE 函数用于替换文本中指定起始位置及长度的部分字符。

比如，在对电话号码加密的问题中，将第4个到第8个字符替换为"*****"，可以用图 5-72 所示的公式。

4 是待替换文本的起始字符位置，5 是要替换的字符个数。计算时，REPLACE 函数将 A2 中的文本从第 4 个字符开始、连续的 5 个字符替换为第 4 参数设置的文本"*****"。

=REPLACE(A2,4,5,"*****")

▲	A	B	C	D
1	手机号	加密电话号码		
2	18818818448	188*****448		
3	18684171497	186*****497		
4	13777777364	137*****364		
5	13030303515	130*****515		
6	13915126086	139*****086		
7	18546019343	185*****343		
8	17776299406	177*****406		
9	18130808351	181*****351		
10	17177903864	171*****864		
11	18677659610	186*****610		
12	17792337595	177*****595		

（B2 单元格公式栏：=REPLACE(A2,4,5,"*****")）

图 5-72

REPLACE 函数有 4 个参数，分别用来设置要替换的原文本、待替换文本的起始字符的位置、要替换的字符个数以及用来替换旧字符的新字符。

REPLACE(原文本 , 起始字符的位置 , 要替换的字符个数 , 新字符)

5.5.5 案例：批量将手机号等长数字信息分段显示

一些较长的纯数字组成的信息，如手机号等，有时需要分段显示，即在固定位数的数字间添加空格。如将"13982109832"显示为"139 8210 9832"（从右往左，每 4 个数字间添加一个空格）。

要解决这个问题，就可以使用 REPLACE 函数，分别依次在原手机号中的第 7 个和第 3 个数字后添加一个空格，公式如图 5-73 所示。

先添加第 7 个数字后的空格，再添加第 3 个数字后的空格。因为第 7 个和第 3 个数字后的空格分别是原数据中第 8 个及第 4 个字符的位置，所以两个 REPLACE 函数的第 2 参数分别设置为 8 和 4。

=REPLACE(REPLACE(A2,8,0," "),4,0," ")

用同样的方法可以给银行卡号、订单编号等任意数据进行分段，自己试试吧。

图 5-73

5.5.6　案例：从身份证号中获取出生日期信息

在身份证号中，从第 7 位开始连续的 8 个数字记录的是出生日期信息。

例如，身份证号"×××102**19880525**6118"中，从第 7 位开始连续的 8 个数字是"19880525"，说明这个身份证号主人的出生日期是"1988 年 5 月 25 日"。

如果工作表中已经有身份证号信息，就可以借助 MID 函数获得这 8 个数字（出生日期信息），如图 5-74 所示。

图 5-74

这些信息只是 8 个数字，没有使用日期数据的分隔符，阅读时感觉不太方便。

要想在这 8 个数字中插入日期数据的分隔符，就可以用 REPLACE 函数来实现，如图 5-75 所示。

	A	B	C	D	E	F
	序号	姓名	身份证号	出生日期		
2	1	曹夏兰	102198805256118	1988-05-25		
3	2	蓟婧玫	102198401141412	1984-01-14		
4	3	司和怡	102198703164727	1987-03-16		
5	4	鄂家欣	102199907164729	1999-07-16		
6	5	谢端雅	102198612082822	1986-12-08		

D2 单元格公式：=REPLACE(REPLACE(MID(C2,7,8),7,0,"-"),5,0,"-")

图 5-75

我看见过使用 TEXT 函数来解决这个问题的，感觉比使用 REPLACE 函数更简单。

确实，将纯数字组成的信息转换为指定的样式，无论是将手机号分段显示，还是在数字间插入指定分隔符，使用 TEXT 函数解决会更简单、便捷（我们在 2.2 节中已经学过 TEXT 函数的用法）。

5.6　比较两个文本数据是否相同

5.6.1　判断两个数据是否相同，常用比较运算符"="

如果想比较两个文本数据是否相同，可以用比较运算符"="。表 5-5 列举了部分使用"="比较数据是否相同的公式。

表 5-5　使用"="比较数据是否相同的公式

公式	公式结果	公式说明
="我"="你"	FALSE	"="两边的文本不相同，公式返回 FALSE
=32=25	FALSE	数值 32 与数值 25 不相等，公式返回 FALSE
="25"=25	FALSE	文本 "25" 和数值 25 不相等，公式返回 FALSE
="abc"="abc"	TRUE	"="两边的文本相同，公式返回 TRUE
="ABC"="abc"	TRUE	在"="的眼里，大写字母 "A" 和小写字母 "a" 是相同的，公式返回 TRUE
=TRUE=FALSE	FALSE	逻辑值 TRUE 和 FALSE 是不同的两个数据，公式返回 FALSE

比较运算符"="不能区分英文字母的大小写，在"="的"眼"中，"EXCEL"和"excel"是同一个数据。

5.6.2　需要区分大小写时，可以用 EXACT 函数

如果希望在比较数据时，让 Excel 将"A"和"a"看成两个不同的字母，可以用 EXACT 函数。EXACT 函数有两个参数，分别用来设置要比较的两个数据，如表 5-6 所示。

表 5-6　用 EXACT 函数比较两个数据

公式	公式结果	公式说明
=EXACT("我","你")	FALSE	参数中的两个文本不同，公式返回 FALSE
=EXACT("你们","你们")	TRUE	参数中的两个文本相同，公式返回 TRUE
=EXACT(32,25)	FALSE	数值 32 与数值 25 不相等，公式返回 FALSE
=EXACT("25",25)	FALSE	文本 "25" 与数值 25 类型不同，公式返回 FALSE
=EXACT("EXCEL","Excel")	FALSE	参数中的两个文本虽然字母相同，但大小写不同，公式返回 FALSE

5.7 文本类型的数字怎样转换为能求和的数值

5.7.1 函数就像喷漆罐，只能返回某个类型的数据

大家都见过喷漆罐吧？只要用它对着物体表面轻轻一喷，无论物体原来是什么颜色，都会变成喷漆罐中漆的颜色。

成品是否为红色，取决于你是否选择红色的喷漆，与所喷对象的材料没有关系。

从这个角度来看，Excel 中的函数和喷漆罐非常相似。尽管能处理不同类型的数据，但返回的一定是固定类型的数据。这在本章介绍的文本函数上表现得尤为明显。

第一，除了文本类型的数据，对于日期、数值等类型的数据，很多文本函数都可以像处理文本一样处理它们，可谓"来者不拒"。

第二，无论文本函数处理的是什么类型的数据，函数返回的结果都一定是文本类型的数据。

正如一块被喷上金属颜色漆的木头一样，虽然它具有与金属类似的外观，但却改变不了它是木头的事实，虽然文本类型的数字拥有与数值一样的外观，但它本质上还是文本字符串。

5.7.2 不是所有数字都能正常参与算术运算

由纯数字组成的文本数据，Excel 会像对待普通汉字或字母那样对待它。汉字不能使用 SUM 函数求和，文本格式的数字当然也不能。因此，在使用 SUM 函数对文本数字进行求和时，可能会得到一些"错误"的结果，如图 5–76 所示。

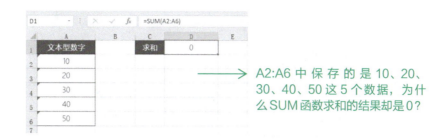

A2:A6 中保存的是 10、20、30、40、50 这 5 个数据，为什么 SUM 函数求和的结果却是 0？

图 5-76

SUM 函数不能对数字进行求和，唯一的可能就是这些数字不是数值类型的数据。

我们知道：如果 SUM 函数的参数不是数值类型的数据，在计算时这些数据会被忽略，函数会返回 0。在这个问题中，10、20、30、40、50 这 5 个数字的和是 0，只有一种可能，它们都不是数值类型的数据。

在 Excel 的世界里，数字与数值是两码事。真正的数值必须满足两个条件：一是由纯数字组成；二是保存为数值格式。

都是由纯数字组成的数据，它们是文本还是数值？能不能求和？有什么方法可以分辨？

5.7.3 数字是文本还是数值，可以用这些方法辨别

通过单元格的对齐样式辨别数据类型

在 Excel 中，默认情况下，输入的文本将左对齐显示，数值则右对齐显示。如果你没有更改过单元格的对齐样式，可以根据其中数据的对齐样式来判断数据的类型，如图 5-77 所示。

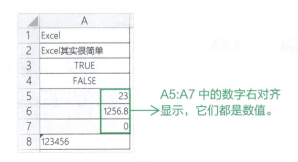

图 5-77

右侧标注：A5:A7 中的数字右对齐显示，它们都是数值。

直接查看单元格中数据的存储格式

如果后期设置过单元格格式，从对齐样式上无法区分数据类型，可以选中单元格，在【功能区】中查看数据的存储格式，如图 5-78 所示。

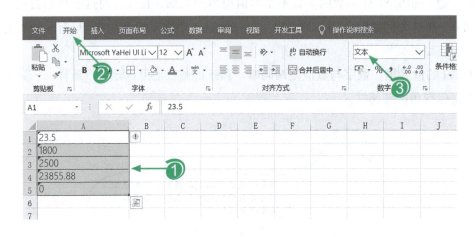

图 5-78

但这个方法也不是万能的。

因为在输入数字时，如果先输入英文半角单引号，再输入数字，那么这些数字将被强制保存为文本。即使将这些单元格设置为数值格式，其中保存的数据仍然是文本，如图 5-79 所示。

在【编辑栏】中可以看到数字前面的单引号，所有前面有单引号的数据都会被保存为文本格式。

单元格中的数字被保存为文本格式，但这里却显示为数值。

图 5-79

借助【错误检查器】的信息进行分辨

如果 Excel 的设置允许进行后台错误检查（默认为允许），并设置了相应的检查规则，Excel 会在文本数字所在的单元格左上角标上一个绿色的小三角形，如图 5-80 所示。

	A	B	C	D
1		文本型数字		
2		23.5		
3		1800		
4		2500		
5		23855.88		
6		0		
7				
8				

图 5-80

如果 Excel 未开启错误检查，可以在菜单栏中选择【文件】→【选项】命令，打开【Excel 选项】对话框，在【公式】选项卡中进行设置，如图 5-81 所示。

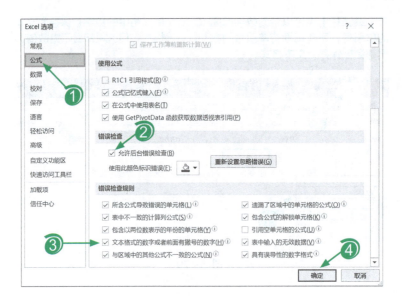

图 5-81

没有一种辨别方法是万能的，我应该选择哪种方法去辨别文本和数值？

　　数据究竟是什么格式，需要结合其特点并根据实际情况选择一种或多种辨别方法，对数据进行认真分析和辨别。

5.7.4　将文本型数字转换为数值，可以使用这些方法

文本函数返回的结果是文本数据，文本数据不能直接参与求和等算术运算，而这些文本类型的数字后期又可能需要参与求和……怎么办？

如果希望将存储为文本格式的数字转为数值类型的数据，有多种方法可以选择。

使用 VALUE 函数转换数据类型

VALUE 函数可以直接将参数指定的文本型数字转换为数值，如图 5-82 所示。

A 列的数据不能直接用 SUM 函数进行求和，但 B 列中使用 VALUE 函数转换的结果可以，说明 VALUE 函数能将 A 列的文本型数字转换为数值。

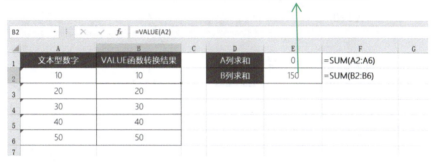

图 5-82

借助算术运算符转换数据类型

文本型数字虽然不能直接使用 SUM、AVERAGE 等函数对其进行运算，但可以直接使用 +、−、*、/ 等运算符对其进行算术运算，如图 5-83 所示。

图 5-83

算术运算所得的结果一定是数值，又因为对文本型数字可以直接使用算术运算符让其参与算术运算，所以可以借助算术运算符，让文本类型的数字执行一次不会改变其大小的算术运算来将其转换为数值类型，如图 5-84 所示。

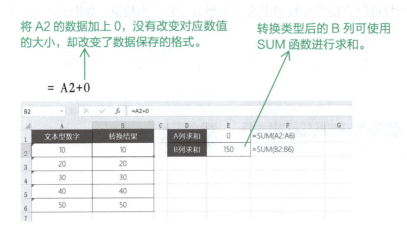

图 5-84

类似地，还可以通过减 0、乘以或除以 1、求数字的 1 次方等方式将文本型数字转换为数值。

在实际使用的过程中，大家还习惯使用减负的方式进行数字类型转换，即在需要转换的数值前加上两个负号，如图 5-85 所示。

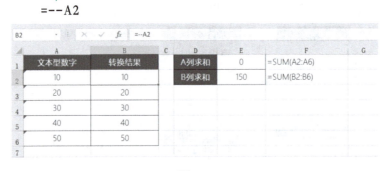

图 5-85

● 将现有文本型数字转换为数值，可以使用【选择性粘贴】命令

如果文本型数字保存在已有的单元格区域中，还可以借助【选择性粘贴】命令将其转换为数值，具体的操作步骤如下。

第1步：复制一个空单元格或保存的数值为 0 的单元格，如图 5-86 所示。

图 5-86

第2步：选中保存文本型数字的区域，单击鼠标右键，在弹出的快捷菜单中选择【选择性粘贴】命令，弹出【选择性粘贴】对话框，如图 5-87 所示。

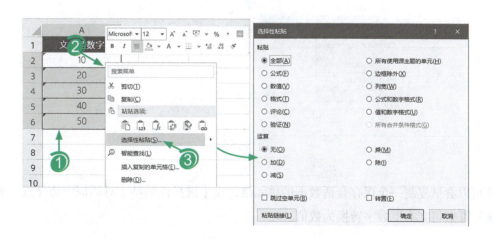

图 5-87

第3步：在对话框中选择【加】运算，同时选中【数值】单选项，单击【确定】按钮，如图 5-88 所示。

图 5-88

完成以上操作后，Excel 会将复制的数据（空单元格在执行算术运算时会被当成数值 0）依次与选中的文本型数字相加，也就是让文本型数字依次参与一次算术运算，从而完成将文本数字转换为数值的任务，如图 5-89 所示。

SUM 函数的求和结果为 150，说明数据类型转换成功。

图 5-89

你可以尝试复制一个保存合适数据的单元格，在【选择性粘贴】对话框中选择减、乘、除等其他运算来将文本型数字转换为数值。

将整列文本型数字转换为数值，使用【分列】命令更简单

如果要将整列的文本型数字转换为数值，可以选中该列（如果只转换某列中的部分区域，就只选中相应区域），执行【功能区】中的【数据】→【分列】命令，在打开的【文本分列向导】对话框的第 3 步中选择列数据格式为【常规】，单击【完成】按钮即可完成转换，如图 5-90

所示。

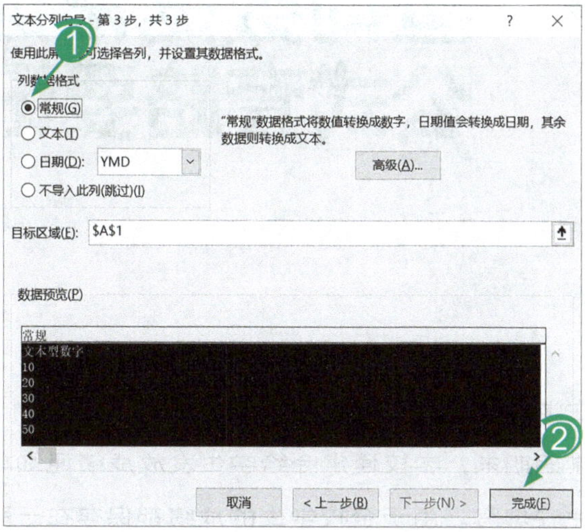
文本分列向导 - 第 3 步，共 3 步
?
常规(G)
文本(T)
日期(D):
YMD
不导入此列(跳过)(I)
"常规"数据格式将数值转换成数字，日期值会转换成日期，其余数据则转换成文本。
高级(A)...
目标区域(E):
$A$1
数据预览(P)
常规
文本型数字
10
20
30
40
50
取消
< 上一步(B)
下一步(N) >
完成(F)
1
2

图 5-90

第 6 章

查询数据常遇到，
公式套路要记牢

我在学校上班。

每学期期末，学校通常会给学生发放成绩通知单，成绩通知单由各班班主任填写。由于全校学生的成绩都保存在一张表格中，班主任只能根据本班学生的学籍号从中查找成绩，然后填写到该学生的成绩通知单里，因此填写成绩通知单对班主任们来说，是一件让人头疼的事情。

这时，如果你不会使用公式，可能要疯狂操弄着鼠标、键盘，执行"复制""粘贴""查找"等命令……

如果是你，你愿意这样一直查找下去，还是花十分钟时间学习如何用公式来查找换来永久的轻松？如果你选择后者，那就一起开始本章的学习，待学完后，看类似的问题有哪些简单的解决办法。

本章主要介绍 Excel 中的查找和引用函数，借助这些函数，能方便地从已有数据中查询满足指定条件的数据。为了更快、更熟练地掌握好这些函数的用法，建议你在学习本章内容时跟着书中的示例一起操作，认真总结、归纳各个函数的用法。

6.1 使用 VLOOKUP 函数查询符合条件的数据

可以不夸张地说，凡是使用 Excel 的人，都一定会接触到各种不同的数据查询问题，而本章所讲的内容，正是解决这一类问题的"神秘武器"。

6.1.1 查询数据，就是从另一张表中找到需要的信息

根据身份证号查询人员姓名、根据准考证号查询考试分数、根据商品代码查询商品单价……类似这样的数据查询问题，在 Excel 中经常会遇到。

举个例子：在图 6-1 所示的表格中，A:F 列中保存的是包含商品编号、商品名称等信息的数据表，在其中找到商品编号为"EH011"对应的商品名称或其他信息就是一个查询数据的问题。

	A	B	C	D	E	F	G	H	I	J
1	商品编号	商品名称	出版时间	出版社	页数	单价		商品编号	商品名称	
2	EH001	Excel2010数据处理与分析实战技巧精粹	2014/1/1	人民邮电出版社	498	69		EH011	Excel2016应用大全	
3	EH002	Excel 2013数据透视表应用大全（全彩版）	2018/3/1	北京大学出版社	528	168				
4	EH003	别怕，Excel VBA其实很简单（第2版）	2016/6/1	北京大学出版社	332	59				
5	EH004	Excel 2016函数与公式应用大全	2018/11/1	北京大学出版社	732	119				
6	EH005	白话聊Excel函数应用100例	2020/4/1	人民邮电出版社	344	69				
7	EH006	Excel 2013高效办公市场与销售管理	2016/3/1	人民邮电出版社	360	49				
8	EH007	Excel VBA经典代码应用大全	2019/1/1	北京大学出版社	648	119				
9	EH008	Excel 2010高效办公人力资源与行政管理	2014/3/1	人民邮电出版社	370	49				
10	EH009	别怕，Excel 函数其实很简单2	2016/5/1	人民邮电出版社	324	59				
11	EH010	Excel 2010图表实战技巧精粹	2014/1/1	人民邮电出版社	462	69				
12	EH011	Excel2016应用大全	2018/2/1	北京大学出版社	868	128				
13	EH012	Excel 2016 数据透视表应用大全	2018/11/1	北京大学出版社	566	99				
14	EH013	Excel 2010应用大全	2011/12/1	人民邮电出版社	938	99				
15	EH014	菜鸟啃Excel	2012/1/1	人民邮电出版社	165	39				
16										

图 6-1

若不使用某些技巧，全靠手动查找，那么当要查询的数据较多时，对任何人来说应该都是一件头疼的事情。

从数据库里手动查询 1000 件商品的进价信息，光完成这一件事，就花费了我几个小时。

6.1.2 找准信息，是熟练用函数解决查询问题的前提

大家遇到的查询问题可能不一样，要查询的信息也可能各不相同，但所有查询问题都拥有相同的特征。

每个查询问题里都包含**查找值**（如商品编号）、**返回值**（如商品名称），以及包含查找值和返回值的**数据区域**（如 A:F 列的数据区域），如图 6-2 所示。

	A	B	C	D	E	F	G	H	I	J
1	商品编号	商品名称	出版时间	出版社	页数	单价		商品编号	商品名称	
2	EH001	Excel2010数据处理与分析实战技巧精粹	2014/1/1	人民邮电出版社	498	69		EH011	Excel2016应用大全	
3	EH002	Excel 2013数据表应用大全（全彩版）	2018/3/1	北京大学出版社	528	168				
4	EH003	别怕，Excel VBA其实很简单（第2版）	2016/6/1	北京大学出版社	332	59				
5	EH004	Excel 2016函数与公式应用大全	2018/11/1	北京大学出版社	732	119				
6	EH005	白话聊Excel函数应用100例	2020/4/1	人民邮电出版社	344	69				
7	EH006	Excel 2013高效办公市场与销售管理	2016/3/1	人民邮电出版社	360	49				
8	EH007	Excel VBA经典代码应用大全	2019/1/1	北京大学出版社	648	119				
9	EH008	Excel 2010高效办公人力资源与行政管理	2014/3/1	人民邮电出版社	370	49				
10	EH009	别怕，Excel 函数其实很简单2	2016/5/1	人民邮电出版社	324	59				
11	EH010	Excel 2010图表实战技巧精粹	2014/1/1	人民邮电出版社	462	69				
12	EH011	Excel2016应用大全	2018/2/1	北京大学出版社	868	128				
13	EH012	Excel 2016 数据透视表应用大全	2018/11/1	北京大学出版社	566	99				
14	EH013	Excel 2010应用大全	2011/12/1	人民邮电出版社	938	99				
15	EH014	菜鸟啃Excel	2012/1/1	人民邮电出版社	165	39				
16										
17										

（查找值、返回值、查找列值列、数据区域标注）

图 6-2

这些是查询问题的关键信息，用 VLOOKUP 函数解决查询问题时需要找到它们。

在 Excel 中，只要弄清楚每个查询问题中的查找值、返回值、查找区域等关键信息，哪怕要查询上万条数据，借助函数和公式解决问题也是分秒之间的事情。下面让我们来看看例子中的这个问题有哪些解决办法。

6.1.3 用 VLOOKUP 函数在表中查询符合条件的数据

如果数据表中保存查找值的列位于返回值列的左侧，使用 VLOOKUP 函数来查询会很简单，如图 6-3 所示。

=VLOOKUP(H2,A1:F15,2,FALSE)

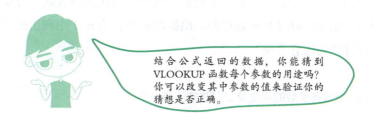

图 6-3

结合公式返回的数据，你能猜到 VLOOKUP 函数每个参数的用途吗？你可以改变其中参数的值来验证你的猜想是否正确。

使用 VLOOKUP 函数查询数据，需要给它设置 4 个参数，通过参数告诉 VLOOKUP 函数：要查找什么数据，在哪个区域的首列查找，找到后返回该区域第几列的数据，按精确还是近似匹配的方式查找。

VLOOKUP(找什么 , 在哪个区域查找 , 返回第几列 , 用什么匹配方式)

以本例中的问题为例，各参数在表格中的位置如图 6-4 所示。

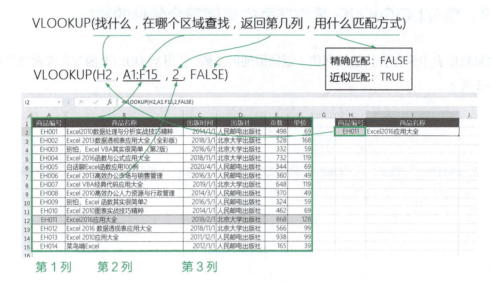

图 6-4

根据设置的参数，VLOOKUP 函数总是按"确定查找内容→按指定匹配方式在数据表首列找到与查找值匹配的第一条记录→返回该条记录中返回值所在列的数据"的步骤查询数据。

正确的参数设置是 VLOOKUP 函数查询不出错的前提，表 6-1 中列出的是 VLOOKUP 函数各参数的用途及设置时的注意事项。

表 6-1 VLOOKUP 函数各参数的用途及设置时的注意事项

参数	用途	设置参数时的注意事项
第 1 参数	设置要查找的值	可以设置为任意类型的数据或保存数据的单元格引用。可以使用通配符"?"或"*"设置模糊的文本查询条件
第 2 参数	设置查找值和返回值所在的区域	由多列数据组成的单元格区域（或数组），该区域中应包含查找值和返回值，且查找值应位于该区域的第 1 列
第 3 参数	设置返回值在区域中的列序号	应设置为正整数，最小为 1，最大为第 2 参数包含的列数
第 4 参数	设置查找时的匹配方式	可以设置为 TRUE 或 FALSE，其中 FALSE 表示使用精确匹配的方式查找，TRUE 表示按近似匹配的方式查找。该参数可以省略，如果省略，表示按近似匹配的方式查找

精确匹配和近似匹配有什么区别？
对查找结果有什么影响？

如果按**精确匹配**的方式查找数据，只有当查找区域中存在与查找值**完全相同**的数据，函数才返回查询结果，否则返回错误值 "#N/A"。如果使用近似匹配，当查找值与查找区域中的数据不完全一致时，VLOOKUP 也可能会把它当成查找到的结果。

简单地说，如果使用精确匹配查找 20，就不会把查找区域中的 15 当成查找到的结果；但如果使用近似匹配查找 20，就可能会把查找区域中的 15 当成查找到的结果。

6.1.4　案例：返回同一查询结果的多列数据

一张数据表中往往会包含多种信息，如商品名称、商品单价等，当通过某个条件（如商品编号）查询数据时，也可能希望获得其中保存的多个信息，如图 6-5 所示。

	A	B	C	D	E	F	G
1	商品编号	商品名称	出版时间	出版社	页数	单价	
2	EH001	Excel2010数据处理与分析实战技巧精粹	2014/1/1	人民邮电出版社	498	69	
3	EH002	Excel 2013数据透视表应用大全（全彩版）	2018/3/1	北京大学出版社	528	168	
4	EH003	别怕，Excel VBA其实很简单（第2版）	2016/6/1	北京大学出版社	332	59	
5	EH004	Excel 2016函数与公式应用大全	2018/11/1	北京大学出版社	732	119	
6	EH005	白话聊Excel函数应用100例	2020/4/1	人民邮电出版社	344	69	
7	EH006	Excel 2013高效办公市场与销售管理	2016/3/1	人民邮电出版社		49	
8	EH007	Excel VBA经典代码应用大全		北京大学出版社		119	
9	EH008	Excel 2010高效办公人力资源与行政管理	2014/3/1	人民邮电出版社	270	49	
10	EH009	别怕，Excel 函数其实很简单2	2016/5/1	人民邮电出版社	324	59	
11	EH010	Excel 2010图表实战技巧精粹	2014/1/1	人民邮电出版社	462	69	
12	EH011	Excel2016应用大全	2018/2/1	北京大学出版社	868	128	
13	EH012	Excel 2016 数据透视表应用大全	2018/11/1	北京大学出版社	566	99	
14	EH013	Excel 2011应用大全	2011/12/1	人民邮电出版社	938	99	
15	EH014	菜鸟啃Excel	2012/1/1	人民邮电出版社	165	39	
16							
17							
18	查询编号	商品名称	出版时间	出版社	页数	单价	
19	EH003						
20							
21							

图 6-5

这与之前的示例相比，查找值、查找区域、查找方式都相同，只是返回值的位置不同。所以更改 VLOOKUP 函数第 3 参数的返回值列序号，即可得到保存查询结果的每个单元格中的公式：

=VLOOKUP(A19,A1:F15,2,FALSE)

=VLOOKUP(A19,A1:F15,3,FALSE)

=VLOOKUP(A19,A1:F15,4,FALSE)

=VLOOKUP(A19,A1:F15,5,FALSE)

=VLOOKUP(A19,A1:F15,6,FALSE)

C19 单元格中的公式结果如图 6-6 所示。

=VLOOKUP(A19,A1:F15,3,FALSE)

	A	B	C	D	E	F	G
	商品编号	商品名称	出版时间	出版社	页数	单价	
1							
2	EH001	Excel2010数据处理与分析实战技巧精粹	2014/1/1	人民邮电出版社	498	69	
3	EH002	Excel 2013数据透视表应用大全（全彩版）	2018/3/1	北京大学出版社	528	168	
4	EH003	别怕，Excel VBA其实很简单（第2版）	2016/6/1	北京大学出版社	332	59	
5	EH004	Excel 2016函数与公式应用大全	2018/11/1	北京大学出版社	732	119	
6	EH005	白话聊Excel函数应用100例	2020/4/1	北京大学出版社	344	69	
7	EH006	Excel 2013高效办公市场与销售管理	2016/3/1	人民邮电出版社	360	49	
8	EH007	Excel VBA经典代码应用大全	2019/1/1	北京大学出版社	648	119	
9	EH008	Excel 2010高效办公人力资源与行政管理	2014/3/1	人民邮电出版社	370	49	
10	EH009	别怕，Excel 函数其实很简单2	2016/5/1	人民邮电出版社	324	59	
11	EH010	Excel 2010图表实战技巧精粹	2014/1/1	人民邮电出版社	462	69	
12	EH011	Excel2016应用大全	2018/1/1	北京大学出版社	868	128	
13	EH012	Excel 2016 数据透视表应用大全	2018/11/1	北京大学出版社	566	99	
14	EH013	Excel 2010应用大全	2011/12/1	人民邮电出版社	938	99	
15	EH014	菜鸟啃Excel	2012/1/1	人民邮电出版社	165	39	
16							
17							
18	查询编号	商品名称	出版时间	出版社	页数	单价	
19	EH003	别怕，Excel VBA其实很简单（第2版）	2016/6/1	北京大学出版社	332	59	
20							

图 6-6

按这种方法，如果需要查询20项信息，就得分别在 20 个单元格中输入公式，太麻烦了！

要解决这一问题，为 VOOKUP 函数设置一个可变的第 3 参数即可。

在本例中，各个单元格中 VLOOKUP 函数的第 3 参数是 2 到 6 的自然数，类似这种有规律的数列，可以借助其他函数或公式生成。如本例可以借助 COLUMN 函数来设置 VLOOKUP 函数的第 3 参数，公式如图 6-7 所示。

第 1、2 参数的单元格地址在列方向上使用绝对引用，可以防止向右填充、复制公式到其他单元格时，设置的查找值和查找区域发生变化，影响查询结果。

=VLOOKUP($A19,$A1:$F15,COLUMN(B1),FALSE)

COLUMN 函数的参数 B1 使用相对引用，这是为了向右填充、复制公式时，引用的单元格变为 C1、D1……从而让 COLUMN 函数返回不同的自然数。

	A	B	C	D	E	F	G
	商品编号	商品名称	出版时间	出版社	页数	单价	
1	商品编号	商品名称	出版时间	出版社	页数	单价	
2	EH001	Excel2010数据处理与分析实战技巧精粹	2014/1/1	人民邮电出版社	498	69	
3	EH002	Excel 2013数据透视表应用大全（全彩版）	2018/3/1	北京大学出版社	528	168	
4	EH003	别怕，Excel VBA其实很简单（第2版）	2016/6/1	北京大学出版社	332	59	
5	EH004	Excel 2016函数与公式应用大全	2018/11/1	北京大学出版社	732	119	
6	EH005	白话聊Excel函数应用100例	2020/4/1	人民邮电出版社	344	69	
7	EH006	Excel 2013高效办公市场与销售管理	2016/3/1	人民邮电出版社	360	49	
8	EH007	Excel VBA经典代码应用大全	2019/1/1	北京大学出版社	648	119	
9	EH008	Excel 2010高效办公人力资源与行政管理	2014/3/1	人民邮电出版社	370	49	
10	EH009	别怕，Excel 函数其实很简单2	2016/5/1	人民邮电出版社	324	59	
11	EH010	Excel 2010图表实战技巧精粹	2014/1/1	人民邮电出版社	462	69	
12	EH011	Excel2016应用大全	2018/2/1	北京大学出版社	868	128	
13	EH012	Excel 2016 数据透视表应用大全	2018/11/1	北京大学出版社	566	99	
14	EH013	Excel 2010应用大全	2011/12/1	人民邮电出版社	938	99	
15	EH014	菜鸟嗨Excel	2012/1/1	人民邮电出版社	165	39	
16							
17							
18	查询编号	商品名称	出版时间	出版社	页数	单价	
19	EH003	别怕，Excel VBA其实很简单（第2版）	42522	北京大学出版社	332	59	
20							

图 6-7

COLUMN 函数返回的是参数中单元格的列序号，如 B1 是工作表中的第 2 列，所以 COLUMN(B1) 返回的是 B1 的列序号 2。这样，将公式向右填充、复制到其他列时，B1 会自动变为 C1、D1、E1 和 F1，从而得到 3、4、5、6 的自然数。

只要在保存返回结果的第一个单元格 B19 中输入公式：

=VLOOKUP($A19,$A1:$F15,COLUMN(B1),FALSE)

再用填充功能将公式复制到 B19 右侧的其他单元格中。在复制所得的公式中，VLOOKUP 函数的第 1、2、4 参数均不会改变，但第 3 参数是 COLUMN 函数的返回结果，是一个变量，所以不同单元格中的 VLOOKUP 函数的返回结果并不相同。

将 VLOOKUP 的第 3 参数设置为一个由公式生成的变量，是解决这一问题的思路。

如果只想查询商品名称和商品单价两项信息，但它们在数据表中并不是相邻的列，如图 6-8 所示，应该怎样设置 VLOOKUP 函数的第 3 参数？

	A	B	C	D	E	F	G
1	商品编号	商品名称	出版时间	出版社	页数	单价	
2	EH001	Excel2010数据处理与分析实战技巧精粹	2014/1/1	人民邮电出版社	498	69	
3	EH002	Excel 2013数据透视表应用大全（全彩版）	2018/3/1	北京大学出版社	528	168	
4	EH003	别怕，Excel VBA其实很简单（第2版）	2016/6/1	北京大学出版社	332	59	
5	EH004	Excel 2016函数与公式应用大全	2018/11/1	北京大学出版社	732	119	
6	EH005	白话聊Excel函数应用100例	2020/4/1	人民邮电出版社	344	69	
7	EH006	Excel 2013高效办公市场与销售管理	2016/3/1	人民邮电出版社	360	49	
8	EH007	Excel VBA经典代码应用大全	2014/3/1	人民邮电出版社	648	119	
9	EH008	Excel 2010高效办公人力资源与行政管理	2014/3/1	人民邮电出版社	370	49	
10	EH009	别怕，Excel 函数其实很简单2	2016/5/1	人民邮电出版社	324	59	
11	EH010	Excel 2010图表实战技巧精粹	2014/1/1	人民邮电出版社	462	69	
12	EH011	Excel2016应用大全	2018/2/1	北京大学出版社	868	128	
13	EH012	Excel 2016 数据透视表应用大全	2018/11/1	北京大学出版社	566	99	
14	EH013	Excel 2010应用大全	2011/12/1	人民邮电出版社	938	99	
15	EH014	菜鸟啃Excel	2012/1/1	人民邮电出版社	165	39	
16							
17							
18	查询编号	商品名称		单价			
19	EH003						
20							

图 6-8

像这种问题，可以通过用其他函数查询商品名称或单价信息在原数据表中的列位置，再将其设置为 VLOOKUP 函数的第 3 参数的方式来解决，相应方法会在 6.4.5 小节中详细介绍。

6.1.5 案例：补全表中缺失的信息

VLOOKUP 函数通常用于从另一个表中查询一个或多个信息来补全当前表中缺失的信息。图 6-9 所示的左侧表格中缺少的商品名称和单价两个信息，就需要通过商品编号从右侧表格中查询得到。

> **注意**
> 如果需要从另一个表中查询需要的信息，这两张表中应该都拥有某个共同的信息。如本例中的"商品编号"，这个共同的信息将是查询数据的依据，即 VLOOKUP 函数的查找值。

	A	B	C	D	E	F	G	H	I	J	K
1	商品编号	订单编号	快递方式	销售数量	商品名称	单价		商品编号	商品名称	单价	
2	EH001	2963547785	顺丰快递	7				EH001	Excel2010数据处理与分析实战技巧精粹	69	
3	EH003	9349225717	圆通快递	14				EH002	Excel 2013数据透视表应用大全（全彩版）	168	
4	EH004	8996778780	申通快递	24				EH003	别怕，Excel VBA其实很简单（第2版）	59	
5	EH005	8040763576	百世汇通	11				EH004	Excel 2016函数与公式应用大全	119	
6	EH007	3765592281	圆通快递	18				EH005	白话聊Excel函数应用100例	69	
7	EH009	8255260292	中通快递	13				EH006	Excel 2013高效办公市场与销售管理	49	
8	EH012	4524834470	顺丰快递	8				EH007	Excel VBA经典代码应用大全	119	
9								EH008	Excel 2010高效办公人力资源与行政管理	49	
10								EH009	别怕，Excel 函数其实很简单2	59	
11								EH010	Excel 2010图表实战技巧精粹	69	
12								EH011	Excel2016应用大全	128	
13								EH012	Excel 2016 数据透视表应用大全	99	
14								EH013	Excel 2010应用大全	99	
15								EH014	菜鸟啃Excel	39	
16											

图 6-9

因为两张表中都拥有"商品编号"这一信息，所以可以借助 VLOOKUP 函数，通过查询商品编号从右侧表格中查询需要的商品名称和单价，将左侧表格中缺少的信息补充完整。

只要在 E2 中输入下面的公式：

第 1 参数的单元格地址在列方向上使用绝对引用，是为了防止向右填充公式时，查找值发生变化。在行方向上使用相对引用，是为了向下填充公式时，查找值能更改为公式所在行的"商品编号"。

B1 使用相对引用，是为了将公式复制到其他列时，COLUMN 函数能返回不同的数字，从而让不同列的 VLOOKUP 函数能返回不同列的数据。

$$=VLOOKUP(\$A2,\$H\$1:\$J\$15,COLUMN(B1),FALSE)$$

第 2 参数的单元格地址使用绝对引用，是为了防止将公式复制到其他单元格时查找区域发生变化。

再将这个公式复制到其他单元格，问题就解决了，如图 6-10 所示。

	A	B	C	D	E	F	G	H	I	J	K
1	商品编号	订单编号	快递方式	销售数量	商品名称	单价		商品编号	商品名称	单价	
2	EH001	2963547785	顺丰快递	7	Excel2010数据处理与分析实战技巧精粹	69		EH001	Excel2010数据处理与分析实战技巧精粹	69	
3	EH003	9349225717	圆通快递	14	别怕，Excel VBA其实很简单（第2版）	59		EH002	Excel 2013数据透视表应用大全（全彩版）	168	
4	EH004	8996778780	申通快递	24	Excel 2016函数与公式应用大全	119		EH003	别怕，Excel VBA其实很简单（第2版）	59	
5	EH005	8040763576	百世汇通	11	白话聊Excel函数应用100例	69		EH004	Excel 2016函数与公式应用大全	119	
6	EH007	3765592281	圆通快递	18	Excel VBA经典代码应用大全	119		EH005	白话聊Excel函数应用100例	69	
7	EH009	8255260292	申通快递	13	别怕，Excel 函数其实很简单2	59		EH006	Excel 2013高效办公市场与销售管理	49	
8	EH012	4524834470	顺丰快递	8	Excel 2016 数据透视表应用大全	99		EH007	Excel VBA经典代码应用大全	119	
9								EH008	Excel 2010高效办公人力资源与行政管理	49	
10								EH009	别怕，Excel 函数其实很简单2	59	
11								EH010	Excel 2010图表实战技巧精粹	69	
12								EH011	Excel2016应用大全	128	
13								EH012	Excel 2016 数据透视表应用大全	99	
14								EH013	Excel 2010应用大全	99	
15								EH014	菜鸟啃Excel	39	
16											

图 6-10

用 VLOOKUP 函数查询数据，其实是在某个区域的首列（即关键字段所在的列）中进行查找。所谓关键字段，指的是在需要进行比较、查询的多张表格中都存在的数据，这些信息能将不同的表格关联起来，是比较和查询的依据。

在图 6-10 所示的两张表格中，"商品编号"显然就是这样的关键字段。

理解了这个公式解决问题的思路，就
能解决 Excel 中常见的查询问题。所以，
你一定要多花点心思好好研究哦。

6.1.6 案例：为考核分评定等级

当查找数据 20 时，如果查找区域中没有 20，可允许 VLOOKUP 函数将接近 20 的数据（比如 19）当成查找到的结果。类似这样，允许 VLOOKUP 函数将一个接近于查找值的数据当成查找到的结果，就是近似匹配的查找方式。

如果将 VLOOKUP 函数的第 4 参数设置为 TRUE，让函数使用近似匹配的方式查找，VLOOKUP 函数将把小于或等于查找值的最大值作为自己的查询结果。我们可以利用这一特征解决一些特殊问题，比如前面介绍过的为考核分评定等级的问题，如图 6-11 所示。

	A	B	C	D	E	F	G
1	姓名	考核分	等级			等级评定标准	
2	陈德成	79				分数区间	等级
3	李明星	99				[0,60)	不合格
4	王维亚	40				[60,70)	基本合格
5	赵春红	80				[70,80)	合格
6	杨明辉	94				[80,90)	良好
7	张新丽	89				[90,100]	优秀
8	刘一民	94					
9	杜春华	65	基本合格				
10	陈家俊	81					
11	王秀娥	84					
12	赵明德	77					

图 6-11

这个问题虽然可以使用 IF 或 IFS 函数解决，但如果判断的条件过多，理解、阅读、编写公式都会比较麻烦。但如果使用近似匹配的 VLOOKUP 函数来解决，就会简单许多。

第 1 步：改造等级评定标准的表格，在“等级”列前插入一列，输入各等级对应分段的最低考核分，如图 6-12 所示。

	F	G	H
1	等级评定标准		
2	分数区间	等级最低分	等级
3	[0,60)	0	不合格
4	[60,70)	60	基本合格
5	[70,80)	70	合格
6	[80,90)	80	良好
7	[90,100]	90	优秀

注意
应将“等级最低分”列进行升序排列。

图 6-12

第 2 步：用 VLOOKUP 函数在等级评定标准表中查询各等级的最低分数，得到对应的等级，如图 6-13 所示。

如果没有特殊需求，通常第 2 参数的单元格地址使用绝对引用。这样，复制公式到其他单元格后，查找的区域不会发生改变。

因为不是每一个考核分都能在等级评定标准表中找到对应的分数，所以第 4 参数一定要设置为 TRUE，让 VLOOKUP 函数按近似匹配的方式查找。

=VLOOKUP(B2,$G$3:$H$7,2,TRUE)

在使用 VLOOKUP 函数时，第 2 参数的数据表中的第 1 列应是包含查找值的列，所以应将“等级最低分”列设置为查找区域的第 1 列，这一点千万不要弄错了。

C2 =VLOOKUP(B2,$G$3:$H$7,2,TRUE)

	A	B	C	D	E	F	G	H
1	姓名	考核分	等级			等级评定标准		
2	陈德成	79	合格			分数区间	等级最低分	等级
3	李明星	99	优秀			[0,60)	0	不合格
4	王维亚	40	不合格			[60,70)	60	基本合格
5	赵春红	80	良好			[70,80)	70	合格
6	杨明辉	94	优秀			[80,90)	80	良好
7	张新丽	89	良好			[90,100]	90	优秀
8	刘一民	94	优秀				查找区域	
9	杜春华	65	基本合格					
10	陈家俊	81	良好					
11	王秀娥	84	良好					
12	赵明德	77	合格					

图 6-13

80 分为 "良好"，90 分为 "优秀"，89 分离 90 分更近一些。查找 89 时，VLOOKUP 函数匹配的结果为什么是 80 而不是 90？模糊查询的具体规则是什么？

如果按近似匹配的方式查找，VLOOKUP 函数会将查找区域首列中**小于或等于查找值的最大值**作为自己的查询结果。在本例中，如果查找的分数是 89，在查找区域的首列（0，60，70，80，90）中，小于或等于 89 的数据有 0、60、70 和 80 这 4 个，其中的最大值为 80，所以函数将 80 作为自己查找到的结果。

有一点需要注意：在使用近似匹配的方式查找时，为了让 VLOOKUP 函数清楚地知道哪个数据是小于或等于查找值的最大值，就**必须将第 2 参数的数据表按首列（即查找值所在列）的数据进行升序排列**，否则函数不一定返回正确的结果，如图 6–14 所示。

VLOOKUP 函数将查找值 79 同 G 列的数据逐个进行比较，当比较到 80 时，因为 80>79，VLOOKUP 函数认为 80 之后的数据均比 79 大，不再继续比较，而在所有比较过的数值中，小于或等于 79 的最大值是 60，因此公式返回其对应的等级 "基本合格"，但这个结果显然是错误的。

	C2		▼		×	✓	fx	=VLOOKUP(B2,$G$3:$H$7,2,TRUE)	

	A	B	C	D	E	F	G	H
1	姓名	考核分	等级			等级评定标准		
2	陈德成	79	基本合格			分数区间	等级最低分	等级
3	李明星	99	优秀			[0,60)	0	不合格
4	王维亚	40	不合格			[60,70)	60	基本合格
5	赵春红	80	良好			[80,90)	80	良好
6	杨明辉	94	优秀			[70,80)	70	合格
7	张新丽	89	合格			[90,100]	90	优秀
8	刘一民	94	优秀					
9	杜春华	65	基本合格					
10	陈家俊	81	合格					
11	王秀娥	84	合格					
12	赵明德	77	基本合格					

图 6–14

注意

如果使用近似匹配的方式查找，数据表一定要按首列的数据进行升序排列。

6.1.7　案例：查找商品名称包含部分字符的商品信息

VLOOKUP 函数支持使用通配符"*"和"?"设置第 1 参数的查找值，以实现对文本类型的数据进行模糊查询。

> 这两个通配符在 5.3.7 小节中已经介绍过了。如果你忘记了，可以回头去看看。

通配符可以代替任意字符，在不确定待查找数据的完整信息时，就可以借助通配符设置 VLOOKUP 函数第 1 参数的查找值。

在图 6-15 所示问题中，需要根据左侧表格中的商品名称从右侧表格中查询快递名称，但左侧表格中的商品名称只是右侧表格中商品名称中的部分字符。

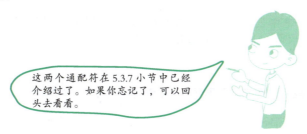

图 6-15

例如，左侧表格中的"VBA 其实很简单"对应的是右侧表格中的"别怕，Excel VBA 其实很简单（第 2 版）"。也就是说，查找值只是数据表中数据包含的部分字符。

类似这种模糊的文本查询问题，就可以使用通配符来设置查找值，如将查找值设置为"*VBA 其实很简单 *"，如图 6-16 所示。

使用连接符&分别在 B2 的数据前后各连接
上一个通配符"*"，将所得的结果设置为
VLOOKUP 函数的查找值。

=VLOOKUP("*"&B2&"*",E:F,2,FALSE)

E:F 是对工作表中 E 列和 F 列整列的引用。因为要查询的区域 E2:F13 是这两
列区域中的一部分，所以可以直接将查找区域设置为 E:F。

	A	B	C	D	E	F	G
1	订单编号	商品名称	快递名称		商品名称	快递名称	
2	2963547785	数据处理与分析	圆通快递		Excel2010数据处理与分析实战技巧精粹	圆通快递	
3	9349225717	VBA其实很简单	百世汇通		Excel 2013数据透视表应用大全（全彩版）	中通快递	
4	8996778780	函数与公式应用大全	宅吉送		别怕，Excel VBA其实很简单（第2版）	百世汇通	
5	8040763576	白话聊Excel函数	EMS		Excel 2016函数与公式应用大全	宅吉送	
6	3765592281	经典代码应用大全	申通快递		白话聊Excel函数应用100例	EMS	
7	8255260292	函数其实很简单	邮政小包		Excel 2013高效办公市场与销售管理	顺丰速运	
8	4524834470	数据透视表应用大全	中通快递		Excel VBA经典代码应用大全	申通快递	
9					Excel 2010高效办公人力资源与行政管理	韵达快递	
10					别怕，Excel 函数其实很简单2	邮政小包	
11					Excel 2010图表实战技巧精粹	京东快递	
12					Excel2016应用大全	苏宁物流	
13					菜鸟啃Excel	天天快递	
14							

图 6-16

6.1.8 案例：查询符合条件的多条记录

你一定发现了，如果查询表中符合条件的记录有多条，使用 VLOOKUP 函数进行查询时，只会返回第 1 条记录，如图 6-17 所示。

=VLOOKUP(D2,A:B,2,FALSE)

数据表中类别为"函数公式"的数据有 3 条，但
VLOOKUP 函数返回的只是第 1 条记录中的信息。

	A	B	C	D	E	F
1	类别	商品名称		类别	商品名称	
2	透视表	Excel 2013数据透视表应用大全（全彩版）		函数公式	Excel 2016函数与公式应用大全	
3	函数公式	Excel 2016函数与公式应用大全				
4	VBA	别怕，Excel VBA其实很简单（第2版）				
5	函数公式	白话聊Excel函数应用100例				
6	VBA	Excel VBA经典代码应用大全				
7	图表	Excel 2010图表实战技巧精粹				
8	函数公式	别怕，Excel 函数其实很简单2				
9	透视表	Excel 2016 数据透视表应用大全				
10						

图 6-17

VLOOKUP 函数只能查询到第 1 条匹配的记录，可是我希望查询所有满足条件的记录，应该怎么办？

VLOOKUP 函数只能查询满足条件的第 1 条记录，这一点不能改变。

如果要用 VLOOKUP 函数解决类似"一对多"的查询问题，可以借助辅助列重新构造查询条件的列，让每一条记录对应的查找值都是唯一的，再通过查询该列的数据来解决，具体步骤如下。

第 1 步：在数据表前插入一列辅助列，在辅助列中输入图 6-18 所示的公式，得到一列由类别名称和数字序号组成的数据。

公式返回的是 B2 的类别名称与 COUNTIF 函数的结果连接所得的文本。

注意
第 1 参数中的第一个 B$2 在行方向上使用了绝对引用。

=B2&COUNTIF(B$2:B2,B2)

辅助列中保存的是类别名称与该类别在 B 列中是第几次出现数字连接所得的字符串。这样，虽然类别名称相同，但出现的次序不相同，所以 A 列中保存的每个数据都是唯一的。

	A	B	C	D
	A2		=B2&COUNTIF(B$2:B2,B2)	
1	辅助列	类别	商品名称	
2	透视表1	透视表	Excel 2013数据透视表应用大全（全彩版）	
3	函数公式1	函数公式	Excel 2016函数与公式应用大全	
4	VBA1	VBA	别怕，Excel VBA其实很简单（第2版）	
5	函数公式2	函数公式	白话聊Excel函数应用100例	
6	VBA2	VBA	Excel VBA经典代码应用大全	
7	图表1	图表	Excel 2010图表实战技巧精粹	
8	函数公式3	函数公式	别怕，Excel 函数其实很简单2	
9	透视表2	透视表	Excel 2016 数据透视表应用大全	
10				

图 6-18

第 2 步：将 VLOOKUP 函数第 1 参数的查找值设置为由类别名称及公式构造的数字组成的文本，再将公式填充、复制到其他单元格，即可查询到同类别的多件商品信息，如图 6-19 所示。

第 1 参数是由 E$2 和 ROW 函数返回结果连接所得的字符串。其中：E$2 是原来设置的查询条件（类别名称），ROW 函数返回的是参数中单元格的行号，如 A1 的行号就是 1、A2 的行号是 2……ROW 函数的参数使用了相对引用，是为了向下填充公式能得到不同的行号，保证每个单元格中 VLOOKUP 函数的查找值都不相同。

=VLOOKUP(E$2&ROW(A1),A:C,3,FALSE)

向下填充公式，直到单元格中返回的为错误值 #N/A，则表示所有符合条件的结果都已经显示在单元格中。

	F2			✕ ✓ fx	=VLOOKUP(E$2&ROW(A1),A:C,3,FALSE)			
	A	B	C	D	E	F	G
1	辅助列	类别	商品名称		类别	商品名称	
2	透视表1	透视表	Excel 2013数据透视表应用大全（全彩版）		函数公式	Excel 2016函数与公式应用大全	
3	函数公式1	函数公式	Excel 2016函数与公式应用大全			白话聊Excel函数应用100例	
4	VBA1	VBA	别怕，Excel VBA其实很简单（第2版）			别怕，Excel 函数其实很简单2	
5	函数公式2	函数公式	白话聊Excel函数应用100例			#N/A	
6	VBA2	VBA	Excel VBA经典代码应用大全				
7	图表1	图表	Excel 2010图表实战技巧精粹				
8	函数公式3	函数公式	别怕，Excel 函数其实很简单2				
9	透视表2	透视表	Excel 2016 数据透视表应用大全				
10							

图 6-19

6.1.9 案例：查询表中满足多个条件的数据

查询数据时，有时查询的条件可能是多个，并且这些查询条件还保存在不同的列中，如图 6-20 所示。

	A	B	C	D	E	F	G	I
1	图书名称	写作版本	售价		图书名称	写作版本	售价	
2	Excel函数与公式应用大全	2016	99 ①		Excel应用大全	2013		
3	Excel应用大全	2016	128					
4	别怕,Excel VBA其实很简单	2003	49					
5	Excel函数与公式应用大全	2016	119					
6	Excel数据透视表应用大全	2016	98			②		
7	Excel应用大全	2010	95					
8	Excel应用大全	2013	99					
9	别怕,Excel VBA其实很简单	2013	59					
10	Excel数据透视表应用大全	2013	89					

图 6-20

只有 A 列的图书名称为"Excel 应用大全"，且 B 列的写作版本为"2013"的记录对应的售价，才是希望查询的信息。

VLOOKUP 函数只能在第 2 参数的首列查询，但是本例中查询的信息却保存在两列中。

如果要查询的条件不止一个，可以借助辅助列，将要查询的多个条件合并为一个，通过查询辅助列中的信息来解决，如图 6–21 和图 6–22 所示。

将查询的两个条件合并成一个文本字符串，放在原数据表的首列之前，这一新列就是 VLOOKUP 函数的查找区域的首列。

=B2&C2

	A	B	C	D	E
1	辅助列	图书名称	写作版本	售价	
2	Excel函数与公式应用大全2016	Excel函数与公式应用大全	2016	99	
3	Excel应用大全2016	Excel应用大全	2016	128	
4	别怕,Excel VBA其实很简单2003	别怕,Excel VBA其实很简单	2003	49	
5	Excel函数与公式应用大全2016	Excel函数与公式应用大全	2016	119	
6	Excel数据透视表应用大全2016	Excel数据透视表应用大全	2016	98	
7	Excel应用大全2010	Excel应用大全	2010	95	
8	Excel应用大全2013	Excel应用大全	2013	99	
9	别怕,Excel VBA其实很简单2013	别怕,Excel VBA其实很简单	2013	59	
10	Excel数据透视表应用大全2013	Excel数据透视表应用大全	2013	89	
11					

图 6–21

VLOOKUP 函数的查找值就是两个条件合并所得的文本字符串。

=VLOOKUP(F2&G2,A:D,4,FALSE)

	A	B	C	D	E	F	G	H	I
1	辅助列	图书名称	写作版本	售价		图书名称	写作版本	售价	
2	Excel函数与公式应用大全2016	Excel函数与公式应用大全	2016	99		Excel应用大全	2013	99	
3	Excel应用大全2016	Excel应用大全	2016	128					
4	别怕,Excel VBA其实很简单2003	别怕,Excel VBA其实很简单	2003	49					
5	Excel函数与公式应用大全2016	Excel函数与公式应用大全	2016	119					
6	Excel数据透视表应用大全2016	Excel数据透视表应用大全	2016	98					
7	Excel应用大全2010	Excel应用大全	2010	95					
8	Excel应用大全2013	Excel应用大全	2013	99					
9	别怕,Excel VBA其实很简单2013	别怕,Excel VBA其实很简单	2013	59					
10	Excel数据透视表应用大全2013	Excel数据透视表应用大全	2013	89					
11									

图 6–22

考考你

解决多条件查询问题时，可以先将保存在多列的查询条件合并到一列中，再通过查询合并所得的列来解决问题。但并不是所有多条件查询问题将多条件合并后，都能得到唯一的查询条件，如图 6-23 所示。

	A	B	C	D	E	F	G	H
1	编号	月份	姓名	考核分		编号	月份	考核分
2	20101	1	陈德成	79		2010	11	
3	20102	2	李明星	99				
4	20103	3	王维亚	40				
5	20104	10	赵春红	80				
6	2010	11	杨明辉	94				
7	2011	12	张新丽	89				

图 6-23

在本例原有的数据表中，每条记录的编号和月份都不相同，但是如果将编号和月份直接合并到一列，就可能会得到相同的数据，如图 6-24 所示。

=B2&C2

不同的编号和月份信息合并到一列后，却变成了相同的数据。

	A	B	C	D	E
1	辅助列	编号	月份	姓名	考核分
2	201011	20101	1	陈德成	79
3	201022	20102	2	李明星	99
4	201033	20103	3	王维亚	40
5	2010410	20104	10	赵春红	80
6	201011	2010	11	杨明辉	94
7	201112	2011	12	张新丽	89

图 6-24

如果在这样的表格中查询合并后的条件，公式返回的就不一定是正确的结果，如图 6-25 所示。

图 6-25

如果要避免出现这一类错误，你能想到解决方法吗？请试一试。

6.2 使用 VLOOKUP 函数可能发生的查询错误

使用 VLOOKUP 函数查询数据，有时可能会返回 #N/A 之类的错误值，如图 6-26 所示。

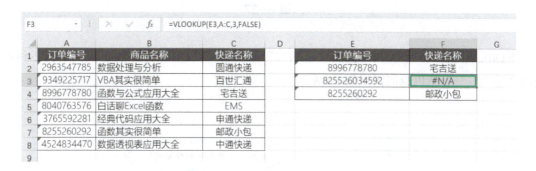

图 6-26

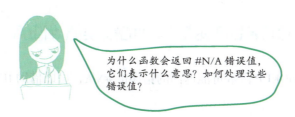

为什么函数会返回 #N/A 错误值，它们表示什么意思？如何处理这些错误值？

VLOOKUP 函数返回错误值，常见的原因有两种：一是在数据区域的首列找不到第 1 参数的查找值，二是函数的参数设置不正确。

下面逐个介绍这些常见的错误以及处理方法。

6.2.1 为什么 VLOOKUP 函数会返回错误值 #N/A

VLOOKUP 函数返回错误值 #N/A 的原因只有一个：在第 2 参数的首列中找不到第 1 参数设置的查找值，如图 6-27 所示。

E2		× √ ƒx	=VLOOKUP(D2,A:B,2,FALSE)	
	A	B	C	D	E
1	星期	值班人员		星期	值班人员
2	星期一	陈德成		星期三	#N/A
3	星期二	李明星			
4	星期四	王维亚			
5	星期五	赵春红			
6	星期六	杨明辉			
7	星期日	张新丽			

图 6-27

查询区域的首列——A 列中没有"星期三"的数据，VLOOKUP 函数在 A 列中找不到要查找的"星期三"，所以返回错误值 #N/A。

我找不到要查找的数据啊!

6.2.2 隐藏 VLOOKUP 函数返回的错误值 #N/A

如果希望隐藏 VLOOKUP 函数可能返回的错误值 #N/A，可以借助 IFNA 函数将错误值 #N/A 替换为其他字符。

举个例子：如果希望 VLOOKUP 函数找不到查找值时直接返回字符 ""，可以用图 6-28 所示的公式。

IFNA 函数有两个参数，当第 1 参数的公式返回错误值 #N/A 时，函数将返回第
2 参数设置的数据，否则返回第 1 参数本身的值。

=IFNA(VLOOKUP(D2,A:B,2,FALSE),"")

| E2 | | × ✓ f_x | =IFNA(VLOOKUP(D2,A:B,2,FALSE),"") |

查找区域的首列——A 列中没有
"星期三"，所以其对应的公式返
回字符 ""，其他能找到数据的就返
回对应的值班人员信息。

	A	B	C	D	E
1	星期	值班人员		星期	值班人员
2	星期一	陈德成		星期三	
3	星期二	李明星		星期二	李明星
4	星期四	王维亚		星期六	杨明辉
5	星期五	赵春红			
6	星期六	杨明辉			
7	星期日	张新丽			

图 6-28

你可以用这种方法将任何公式返回的错误值 #N/A 替换为某个指定的数据。

6.2.3　公式与数据都正常，为什么 VLOOKUP 函数仍然返回 #N/A

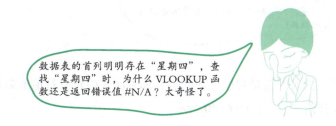

数据表的首列明明存在"星期四"，查
找"星期四"时，为什么 VLOOKUP 函
数还是返回错误值 #N/A？太奇怪了。

我们要明确一点：如果 VLOOKUP 函数返回错误值 #N/A，一定是查找区域的首列没有
与查找值匹配的值。尽管看上去查找区域中存在要查找的数据，但这两个数据也仅仅是看上
去相同。

就像文本类型的数字 "12" 与数值类型的数字 12，它们虽然看上去完全相同，但本质上是
两个不同的数据。

所以，当查找区域中存在要查找的数据，VLOOKUP 函数仍然返回错误值 #N/A 时，就需要得去检查数据本身是否存在问题。

◯ 检查数据中是否包含空格或不可见字符

很多时候，看上去完全相同的两个数据，其实可能并不一样，这也是导致 VLOOKUP 函数查询失败，返回错误值 #N/A 的一个主要原因，如图 6-29 所示。

E2		× ✓ fx	=VLOOKUP(D2,A:B,2,FALSE)		
	A	B	C	D	E
1	星期	值班人员		星期	值班人员
2	星期一	陈德成		星期四	#N/A
3	星期二	李明星			
4	星期四	王维亚			
5	星期五	赵春红			
6	星期六	杨明辉			
7	星期日	张新丽			

图 6-29

"星期四"和"星期四"难道不是相同的数据？

出现这样的错误，很大可能是数据存在问题。你可以先检查查找值或数据表的数据里是否包含不可见的空格或其他字符，如图 6-30 所示。

选中 A4，在【编辑栏】中可以看到"星期四"的后面还存在一个空格。

A4		× ✓ fx	星期四		
	A	B	C	D	E
1	星期	值班人员		星期	值班人员
2	星期一	陈德成		星期四	#N/A
3	星期二	李明星			
4	星期四	王维亚			
5	星期五	赵春红			
6	星期六	杨明辉			
7	星期日	张新丽			

图 6-30

在本例中，查找值是"星期四"，数据区域中的却是"星期四　"，在 VLOOKUP 函数的"眼"里，这是两个不相同的数据。

除了逐个查看外，有没有简单的方法，让我们快速知道数据中是否包含多余的不可见字符？

如果某一列中保存的是由固定个数的字符组成的数据，如手机号、身份证号等，想知道其中是否包含了多余的空格或其他不可见字符，可以借助 LEN 函数来判断，如图 6-31 所示。

所有的星期数据都应包含 3 个字符，如果 LEN 函数返回的结果不等于 3，说明该行的数据存在问题。

C4			fx	=LEN(A4)		
	A	B	C	D	E	F
1	星期	值班人员		星期	值班人员	
2	星期一	李狗蛋	3	星期四	#N/A	
3	星期二	王儿锤	3			
4	星期四	王大牛	4			
5	星期五	赵铁柱	3			
6	星期六	刘多多	3			
7	星期日	张小晓	3			
8						

图 6-31

发现异常的数据后，借助查找替换或公式清除数据中的多余字符，使其与要查找的数据完全一致，VLOOKUP 函数就能正常完成查询任务了。

检查查找值和数据表中的数据类型是否一致

查找值与数据表中的数据看上去完全相同，而且数据中也没有多余的字符，但 VLOOKUP 依然返回错误值 #N/A，如图 6-32 所示。

图 6-32

这时可以检查查找值与查询区域中首列数据的类型是否相同，如图 6-33 所示。

数据表中保存的是日期，而公式查找的是文本。两种不同类型的数据，虽然外观相同，但在 Excel 的"眼"中，却是完全不同的两个数据。

图 6-33

具有相同外观的数据，因为数据类型不同，也会导致 VLOOKUP 函数查询错误。如果想避免此类错误发生，应保证查找值和数据源中的数据格式和类型完全相同。

检查函数第 2 参数的查找区域是否设置正确

在使用 VLOOKUP 函数时，第 2 参数的查找区域应包含查找值区域和返回值区域两列信息，且查找值应位于该区域的第 1 列。如果查找值所在列不是第 1 列，VLOOKUP 函数就不能完成查询任务，如图 6-34 和图 6-35 所示。

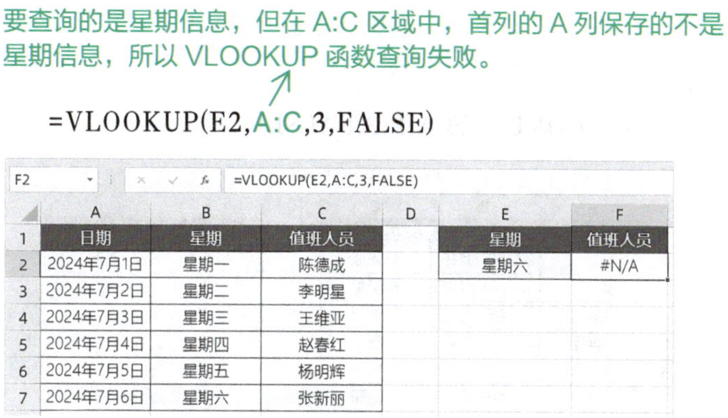
要查询的是星期信息，但在 A:C 区域中，首列的 A 列保存的不是
星期信息，所以 VLOOKUP 函数查询失败。
=VLOOKUP(E2,A:C,3,FALSE)
F2
=VLOOKUP(E2,A:C,3,FALSE)

	A	B	C	D	E	F
1	日期	星期	值班人员		星期	值班人员
2	2024年7月1日	星期一	陈德成		星期六	#N/A
3	2024年7月2日	星期二	李明星			
4	2024年7月3日	星期三	王维亚			
5	2024年7月4日	星期四	赵春红			
6	2024年7月5日	星期五	杨明辉			
7	2024年7月6日	星期六	张新丽			

图 6-34

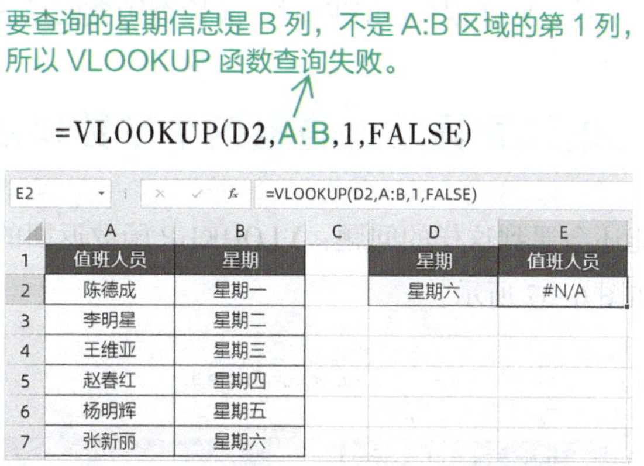
要查询的星期信息是 B 列，不是 A:B 区域的第 1 列，
所以 VLOOKUP 函数查询失败。
=VLOOKUP(D2,A:B,1,FALSE)
E2
=VLOOKUP(D2,A:B,1,FALSE)

	A	B	C	D	E
1	值班人员	星期		星期	值班人员
2	陈德成	星期一		星期六	#N/A
3	李明星	星期二			
4	王维亚	星期三			
5	赵春红	星期四			
6	杨明辉	星期五			
7	张新丽	星期六			

图 6-35

对于这类问题，调整 VLOOKUP 函数的第 2 参数，或调整查找区域中数据的列位置即可解决。

6.2.4 VLOOKUP 函数返回错误值 #REF!，原因其实很简单

VLOOKUP 函数的第 3 参数，是返回值在第 2 参数的查询区域中的列序号。如果设置的列序号大于第 2 参数查询区域包含的列数，VLOOKUP 函数就会返回错误值 #REF!，如图 6-36 所示。

区域 A:B 只包含两列，但第 3 参数却设置为 3，所以
VLOOKUP 函数返回错误值 #REF!。

=VLOOKUP(E2,A:B,3,FALSE)

	A	B	C	D	E	F
1	星期	日期	值班人员		星期	值班人员
2	星期一	2024年7月1日	陈德成		星期六	#REF!
3	星期二	2024年7月2日	李明星			
4	星期三	2024年7月3日	王维亚			
5	星期四	2024年7月4日	赵春红			
6	星期五	2024年7月5日	杨明辉			
7	星期六	2024年7月6日	张新丽			

图 6-36

所以，当 VLOOKUP 函数返回错误值 #REF! 时，应检查函数的第 3 参数是否设置正确。

6.2.5 若函数返回的结果异常，看看这个参数是否正确

除了错误值外，可能还会遇到这样的问题：VLOOKUP 函数返回的，不是我们期望得到的与查找值对应的数据，如图 6-37 所示。

	A	B	C	D	E
1	星期	值班人员		星期	值班人员
2	星期一	陈德成		星期六	值班人员
3	星期二	李明星			
4	星期三	王维亚			
5	星期四	赵春红			
6	星期五	杨明辉			
7	星期六	张新丽			

E2 = =VLOOKUP(D2,A:B,2)

图 6-37

查找星期六的值班人员，可是函数返回的却是表头信息，怎么回事？

如果遇到类似的问题，可能是给 VLOOKUP 函数设置了错误的查询匹配方式。

如在本例中，因为没有给 VLOOKUP 函数设置第 4 参数，VLOOKUP 在查询时会按近似匹配的方式查找数据，这样，函数返回的就不一定是与查找值完全匹配的数据对应的结果。

如果确实需要使用 VLOOKUP 函数近似匹配的方式，公式却没有返回正确结果，可以检查第 2 参数的数据是否按首列的查找值升序排列。

总结一下，如果 VLOOKUP 函数返回错误值 #N/A，就检查第 1、2 参数；如果返回错误值 #REF!，就检查第 3 参数；如果返回异常的查询结果，就检查第 4 参数。

图 6-38 所示为本节中介绍的 VLOOKUP 函数查询出错的原因及解决办法，你可以参照其中介绍的思路去检查函数出错的原因。

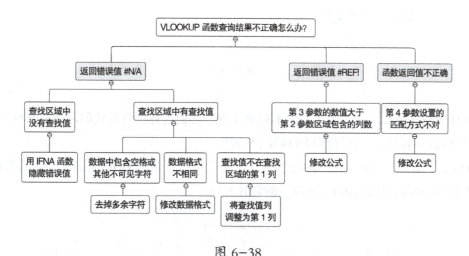

图 6-38

6.3 用 HLOOKUP 函数按横向查询表中数据

VLOOKUP 函数只能在行方向上查询数据，当遇到的是类似图 6-39 所示的需要在多列中查询数据的问题时，使用它便不能解决。

在数据区域的第 1 行查找星期信息，再返回与查找结果对应的值班人员的姓名。

	A	B	C	D	E	F	G	H
1	星期	星期一	星期二	星期三	星期四	星期五	星期六	星期日
2	值班人员	庞洛为	刘金诺	石明硕	王彦明	赵凯华	刘佳怡	孙玉明
3								
4								
5	星期	值班人员						
6	星期四							

图 6-39

查询区域位于数据表中的第 1 行而不是第 1 列，类似这样的查询我们习惯将其称为横向查询。解决横向查询问题，可以使用 HLOOKUP 函数。

HLOOKUP 函数是 VLOOKUP 函数的"孪生兄弟"，可以参照 VLOOKUP 函数的用法来使用它。比如，本例中的问题可以用图 6-40 所示的公式解决。

B6			fx	=HLOOKUP(A6,A1:H2,2,FALSE)				
	A	B	C	D	E	F	G	H
1	星期	星期一	星期二	星期三	星期四	星期五	星期六	星期日
2	值班人员	庞洛为	刘金诺	石明硕	王彦明	赵凯华	刘佳怡	孙玉明
3								
4								
5	星期	值班人员						
6	星期四	王彦明						

图 6-40

除了查询方向不同外，HLOOKUP 函数的用法与 VLOOKUP 函数极其相似，其语句结构为

HLOOKUP(找什么 , 在哪个区域查找 , 返回第几行的数据 , 用什么匹配方式)

与 VLOOKUP 函数一样，HLOOKUP 函数支持在第 1 参数的位置使用通配符设置模糊的文本查询条件，第 2 参数的首行必须包含第 1 参数，允许通过第 4 参数设置查询时的匹配方式，也可以借助辅助列完成多条件等复杂的查询任务。

6.4 用 MATCH 函数确定指定数据的位置

6.4.1 MATCH 函数就是数据的定位追踪器

● 一行或一列数据，就像一支排列整齐的队伍

　　一行或一列数据，就像一支排列整齐的队伍，队伍中每个成员都有自己的位置，如图 6-41 所示。

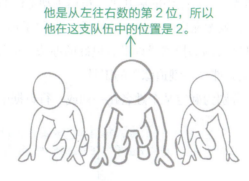

他是从左往右数的第 2 位，所以
他在这支队伍中的位置是 2。

图 6-41

　　与此类似，在多个数据组成的"队伍"中，每个数据都拥有自己的位置，**数据在其所属的行或列中，从左或上起数排第几，它的位置就是几**，如图 6-42 和图 6-43 所示。

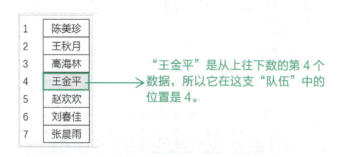

"王金平"是从上往下数的第 4 个
数据，所以它在这支"队伍"中的
位置是 4。

图 6-42

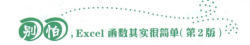

"赵欢欢"是从左往右数的第 5 个数据，所以它在这支"队伍"中的位置是 5。
1 2 3 4 5 6 7
陈美珍 王秋月 高海林 王金平 赵欢欢 刘春佳 张晨雨

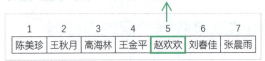

图 6-43

用 MATCH 函数确定数据在"队列"中的位置

想知道某个数据是一列或一行数据中的第几个，虽然手动定位的操作步骤不多，但是一遍一遍地反复寻找却相当麻烦，就像在房间里找"熊孩子"乱丢的遥控器一样。

在凌乱的房间里找随处乱丢的遥控器或许没有更好的办法，但如果要在 Excel 中查找某个数据的位置，MATCH 函数就是能"一键追踪"的工具。

图 6-44 和图 6-45 所示分别为确定某个姓名在一列或一行数据中位置的公式。

"王金平"在 A5 单元格，是 A2:A8 中的第 4 个单元格，所以公式返回 4。4 是"王金平"在 A2:A8 中的位置。
D2
=MATCH(C2,A2:A8,0)
姓名
陈美珍
王秋月
高海林
王金平
赵欢欢
刘春佳
张晨雨
查询姓名
王金平
位置
4
①
②

图 6-44

B6
=MATCH(B5,B1:H1,0)
姓名
陈美珍 王秋月 高海林 王金平 赵欢欢 刘春佳 张晨雨
查询姓名 赵欢欢
位置 5
①
②

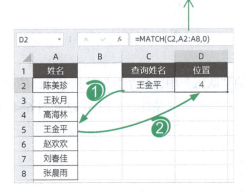

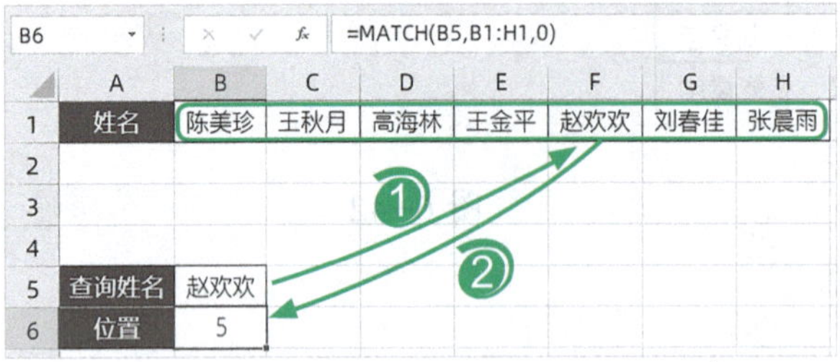

图 6-45

6.4.2　用好 MATCH 函数，参数应该这样设置

　　MATCH 函数共有 3 个参数。这 3 个参数分别用来设置要查找的值、查找区域（或数组）及匹配方式，即

　　MATCH(找什么 , 在哪里找 , 怎么找)

　　这 3 个参数的用途及设置说明如表 6-2 所示。

表 6-2　MATCH 函数各参数的用途及设置说明

参数	用途	设置说明
第 1 参数	设置要查找的数据	可以设置为任意类型的数据或保存数据的单元格引用。可以在第 1 参数中使用通配符 "*" 和 "?" 来设置模糊的文本查询条件
第 2 参数	设置查找数据的区域	应设置为包含查找值的一列或一行单元格区域，也可以设置为包含多个数据的一行或一列常量数组
第 3 参数	设置查找的匹配方式	设置查找数据时的匹配方式，可以设置为 –1、0 或 1。该参数可以省略，如果省略，默认参数值为 1

　　MATCH 函数的第 3 参数用于设置查找数据时的匹配方式，共有 3 个可设置项，不同设置项的用途如表 6-3 所示。

表 6-3　MATCH 函数第 3 参数的设置项

参数值	查找方式
1 或省略	查找小于或等于第 1 参数的最大值。此时，第 2 参数中的数据必须按升序排列
0	查找等于第 1 参数的第 1 个值。此时，第 2 参数中的数据可以按任何顺序排列
–1	查找大于或等于第 1 参数的最小值。此时，第 2 参数中的数据必须按降序排列

　　无论是 VLOOKUP、HLOOKUP 函数，还是 MATCH 函数，当使用近似匹配的方式查找数据时，第 2 参数的数据区域都必须按指定的方式进行排序。

　　在查找数据时，MATCH 函数总是在第 2 参数的数据队列中按从左往右或从上往下的顺序

查找指定数据，当找到匹配数据后，再返回数据所在的位置。

MATCH 函数只能确定数据所在的位置，不能返回查找到的数据。但千万别认为它的用处有限，相反，在很多场合都会用到它，后文我们会列举一些使用它的例子。

6.4.3 案例：快速找出两表中相同或不同的数据

有位朋友曾经问过我一个问题：他手上有两张表，一张表保存了所有人员的信息，而另一张表保存了其中一部分已缴费人员的信息，如图 6-46 所示。

	全部人员名单				已缴费人员名单			
	证件号	姓名			证件号	姓名		
	40879238	罗欢婵			13959579	沈可翰		
	88444818	孙娅			97738771	蓝奇		
	90694847	谢晴璧			16808709	喻晶致		
	18411301	路鸣			25858523	禹莎		
	57261079	姜飘镇			97748640	周航		
	29877286	安朋素			82968111	毕锦		
	54802751	萧沫爽			71561471	潘莹		
	72775044	陶雪嘉			90694847	谢晴璧		
	90636892	虞荔聪			15192235	庞梦		
	73496324	邵轮亚			54802751	萧沫爽		
	95644337	云悦萍			45545106	吕影柔		
	95788294	陈滢薇			90636892	虞荔聪		
	23997502	秦致			57261079	姜飘镇		
	76290347	胡妤寒			95788294	陈滢薇		
	38177073	柯筠雨			90768640	屈乐欣		
	55177081	乐寒琳			95644337	云悦萍		
	45545106	吕影柔			76290347	胡妤寒		
	11409084	莫慧莹			23997502	秦致		
	44401092	鄞兰育			58833854	虞凤言		
	71561471	潘莹			97287770	黄丽娴		
	97748640	周航			44401092	鄞兰育		
	58833854	虞凤言			68136155	锺媛美		
	38813232	李瑞琛			38177073	柯筠雨		
	21824710	孟柔			11409084	莫慧莹		
	67556781	禹筠策			40879238	罗欢婵		

表格中的信息有几千条，手动地逐个核对这些数据，对任何人来说都是一件麻烦的事情。

图 6-46

在本例的数据表中，每个人的证件号都是唯一的，现需要根据证件号核对两表的数据，从全部人员名单中找出所有未缴费的人员信息。

解决这个问题的方法有很多，MATCH 函数就是一个不错的选择。我们可以在"全部人员名单"的表格后插入一个辅助列，在辅助列中用 MATCH 函数依次查询每个证件号在"已缴费人员名单"的表格中证件号列出现的位置，如图 6-47 所示。

=MATCH(A3,E:E,0)

MATCH 函数返回的结果如果是数字，该数字就是查找的证件号在 E 列中的位置；
如果返回的是错误值 #N/A，表示该证件号在 E 列中不存在。
这些返回错误值的记录就是未缴费的人员信息。

图 6-47

可以借助 IF 函数判断 MATCH 函数返回的结果是否为错误值 #N/A 来判断某条记录的人员是否已缴费，如图 6-48 所示。

ISNA 函数用于判断参数中 MATCH 函数返回的结果是否为错误值 #N/A，如果是则返回"否"，否则返回"是"。

=IF(ISNA(MATCH(A3,E:E,0))," 否 "," 是 ")

图 6-48

得到是否已缴费的信息后，再借助自动筛选就能快速找到所有已缴费或未缴费的人员名单了。

6.4.4　案例：获取某个区域中不重复的数据信息

在一张数据表中，可能会存在重复的数据。比如，在图 6-49 所示的表格中，证件号相同的信息就是重复信息。

图 6-49

如果对重复的数据只想保留其中一条，使用 MATCH 函数来解决是一个不错的选择。我们可以在表格后添加一个辅助列，在其中用 MATCH 函数查询每个证件号在 A 列中首次出现的位置，如图 6-50 所示。

=MATCH(A2,A:A,0)

图 6-50

如果查找区域（如 A 列）中存在多个相同的数据，使用 MATCH 函数查找该数据时，函数只会返回该数据第 1 次出现的位置。

所以，只要把每个第 1 次出现的数据提取出来，就可以得到所有不重复的数据。

怎么知道某个单元格中的证件号是否为 A 列中第 1 次出现的证件号？

在本例中，如果某个证件号是 A 列中第 1 次出现的数据，那么辅助列中 MATCH 函数返回的结果就与该行的行号相同，否则 MATCH 函数返回的结果与该行的行号不相同，如图 6-51 所示。

=MATCH(A2,A:A,0)

	A	B	C	D	E
1	证件号	姓名	辅助列		
2	88444818	孙娅	2		
3	90694847	谢晴璧	3		
4	57261079	姜飘镇	4		
5	72775044	陶雪嘉	5		
6	90694847	谢晴璧	3		
7	88444818	孙娅	2		
8	40879238	罗欢婵	8		
9	57261079	姜飘镇	4		
10	54802751	萧沫爽	10		
11	95644337	云悦萍	11		
12	95788294	陈滢薇	12		
13	73496324	邵轮亚	13		
14	29877286	安朋素	14		
15	18411301	路鸣	15		
16	18411301	路鸣	15		
17	90636892	虞荔聪	17		
18					

C4 中的公式返回 4，等于这一行的行号 4，说明这一行的证件号是首次出现。

C9 中的公式返回 4，不等于这一行的行号 9，说明这一行的证件号不是首次出现。

图 6-51

所以，只要将 MATCH 函数返回的结果与公式所在单元格的行号进行比较，就可以知道某行记录是否为重复的记录，如图 6-52 所示。

ROW 函数返回参数指定的单元格的行号。如果没有给 ROW 函数设置参数，将函数写为 ROW()，则 ROW 函数将返回公式所在单元格的行号。在本例中，也可以不给 ROW 函数设置参数。

=IF(MATCH(A2,A:A,0)=$\mathrm{ROW(A2)}$," 首次 "," 重复记录 ")

	A	B	C
1	证件号	姓名	辅助列
2	88444818	孙娅	首次
3	90694847	谢晴璧	首次
4	57261079	姜飘镇	首次
5	72775044	陶雪嘉	首次
6	90694847	谢晴璧	重复记录
7	88444818	孙娅	重复记录
8	40879238	罗欢婵	首次
9	57261079	姜飘镇	重复记录
10	54802751	萧沫爽	首次
11	95644337	云悦萍	首次
12	95788294	陈滢薇	首次
13	73496324	邵轮亚	首次
14	29877286	安朋素	首次
15	18411301	路鸣	首次
16	18411301	路鸣	重复记录
17	90636892	虞荔聪	首次
18			

图 6-52

用这种方法找出重复记录后，借助自动筛选，将辅助列中"重复记录"的行筛选出来，再将这些行删除，表格中留下的就是不重复的数据了。

6.4.5 案例：确定 VLOOKUP 函数返回数据的列信息

MATCH 函数很有用，但单独使用该函数的情况较少，通常会将它与 VLOOKUP、INDEX 等其他函数搭配使用，以解决各种查询问题。

使用 VLOOKUP 函数查询多列数据时，要返回的各列数据在原数据表中的列位置可能没有规律，不便于设置公式，如图 6-53 所示。

要查询的 4 项信息，从左往右，依次位于数据表 A1:F8 中的第 3、2、6、5 列。如果使用 VLOOKUP 函数来解决这个问题，需要分别将这 4 列中 VLOOKUP 函数的第 3 参数设置为 3、2、6、5。

	A	B	C	D	E	F	G
1	商品编号	订单编号	快递方式	销售数量	商品名称	单价	
2	EH001	2963547785	顺丰快递	7	Excel2010数据处理与分析实战技巧精粹	69	
3	EH003	9349225717	圆通快递	14	别怕，Excel VBA其实很简单（第2版）	59	
4	EH004	8996778780	申通快递	24	Excel 2016函数与公式应用大全	119	
5	EH005	8040763576	百世汇通	11	白话聊Excel函数应用100例	69	
6	EH007	3765592281	圆通快递	18	Excel VBA经典代码应用大全	119	
7	EH009	8255260292	中通快递	13	别怕，Excel 函数其实很简单2	59	
8	EH012	4524834470	顺丰快递	8	Excel 2016 数据透视表应用大全	99	
9							
10							
11	查询编号	快递方式	订单编号	单价	商品名称		
12	EH001						
13	EH009						
14							

图 6-53

如果只使用 VLOOKUP 函数，不借助其他手段，要解决这个问题，就需要分别为每一列写入不同的公式。

> 如果要查询的不止 4 列信息，而是 100 列，需要写 100 个公式吗？

其实不必这样。

我们可以借助 MATCH 函数，确定保存查询结果的区域的每一列表头在原数据表中第 1 行的位置，以此来确定函数返回数据在原表中的列位置，如图 6-54 所示。

"1:1" 表示工作表中的第 1 行，也就是数据表表头所在的行。

$$=MATCH(B11,1:1,0)$$

B12		×	✓	f_x	=MATCH(B11,1:1,0)		
	A	B	C	D	E	F	G
1	商品编号	订单编号	快递方式	销售数量	商品名称	单价	
2	EH001	2963547785	顺丰快递	7	Excel2010数据处理与分析实战技巧精粹	69	
3	EH003	9349225717	圆通快递	14	别怕，Excel VBA其实很简单（第2版）	59	
4	EH004	8996778780	申通快递	24	Excel 2016函数与公式应用大全	119	
5	EH005	8040763576	百世汇通	11	白话聊Excel函数应用100例	69	
6	EH007	3765592281	圆通快递	18	Excel VBA经典代码应用大全	119	
7	EH009	8255260292	中通快递	13	别怕，Excel 函数其实很简单2	59	
8	EH012	4524834470	顺丰快递	8	Excel 2016 数据透视表应用大全	99	
9							
10							
11	查询编号	快递方式	订单编号	单价	商品名称		
12	EH001	3	2	6	5		
13	EH009						
14							

图 6-54

这样，MATCH 函数返回的就是数据在原数据表中的列序号。只要将其设置为 VLOOKUP 函数的第 3 参数，就能使用一个公式解决这个问题了，如图 6-55 所示。

注意
为了防止向下（向右）填充、复制公式时，公式中引用的区域发生错误的变化导致公式查询出错，公式中的单元格应使用正确的引用样式。

=VLOOKUP($A12,$A$1:$F$8,MATCH(B$11,$1:$1,0),FALSE)

图 6-55

6.5 如果知道数据的位置，可以用 INDEX 函数获取它

6.5.1 用 INDEX 函数获取表中指定行、列的数据

如果想获得数据表中某个位置的数据，可以使用 INDEX 函数。

比如，想获得 A1:D8 这个区域中第 4 行第 3 列的数据，可以用图 6-56 所示的公式。

=INDEX(A1:D8,4,3)

图 6-56

考考你

结合本例中的公式及其返回的结果，你能猜到 INDEX 函数各个参数的用途吗？如果想获取 A1:D5 中第 5 行第 2 列的数据，你知道怎样写公式吗？

以图 6-56 所示的表格为例，你知道公式"=INDEX(A1:D8,2,7)"返回的结果是什么吗？

6.5.2 INDEX 函数的 3 个参数代表这 3 个关键信息

INDEX 函数有 3 个参数，分别用来指定保存数据的区域，以及要获取表中第几行、第几列的数据，即

INDEX(数据区域 , 行数 , 列数)

INDEX 函数的计算规则很简单，就像凭电影票在电影院找座位一样，根据电影票上的数字就知道自己应该坐在第几排的第几号位置。对于不同的问题，参照图 6-56 所示的例子正确设置 INDEX 函数的 3 个参数即可。

当 INDEX 函数第 1 参数的数据区域只有 1 列或 1 行时，可以只给 INDEX 设置两个参数。这两个参数分别用于指定数据区域和返回数据在该区域中的位置，如图 6-57 和图 6-58 所示。

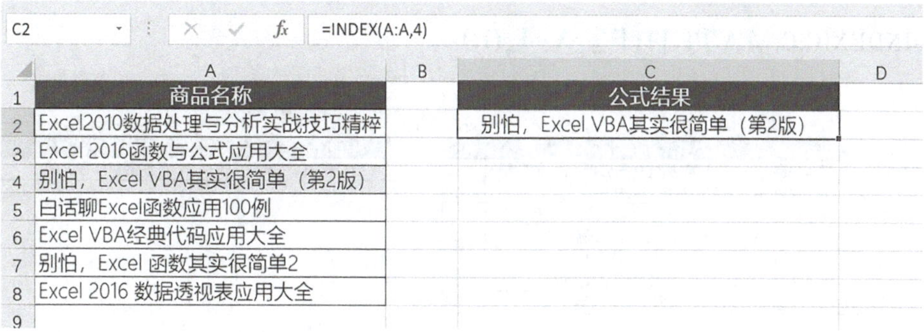

图 6-57

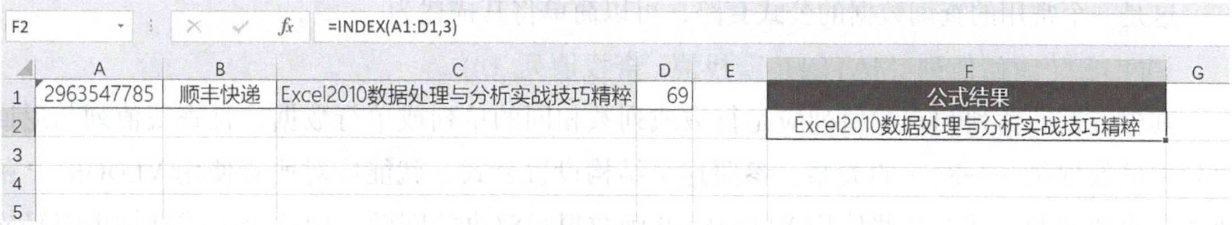

图 6-58

考考你

只给INDEX函数设置两个参数是一种简化的用法，对于图6-57和图6-58中的问题，同样可以给函数设置完整的3个参数来解决。

如果要使用3个参数的INDEX函数来解决这两个问题，你知道公式应该写成什么样吗？

6.6 INDEX 和 MATCH 函数，一对查询数据的“黄金搭档”

6.6.1 将 INDEX 和 MATCH 函数搭配使用，数据查询会变得很简单

MATCH 函数可以确定数据的位置，INDEX 函数可以根据位置获取数据。如果将 MATCH 函数和 INDEX 函数搭配使用，就能代替 VLOOKUP、HLOOKUP 函数解决 Excel 中的各种查询问题。图 6-59 所示为根据订单编号查询商品名称信息的公式。

MATCH 函数返回的结果，就是 INDEX 函数的第 2 参数，也是要获取的数据在 C 列中的位置。

=INDEX(C:C,MATCH(F2,A:A,0))

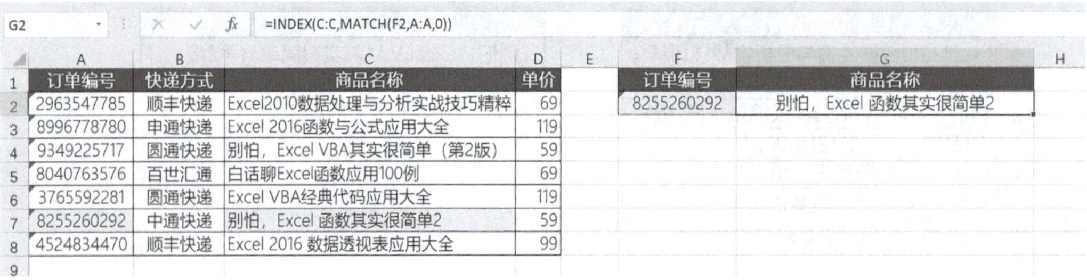

G2 =INDEX(C:C,MATCH(F2,A:A,0))

	A	B	C	D	E	F	G
1	订单编号	快递方式	商品名称	单价		订单编号	商品名称
2	2963547785	顺丰快递	Excel2010数据处理与分析实战技巧精粹	69		8255260292	别怕，Excel 函数其实很简单2
3	8996778780	申通快递	Excel 2016函数与公式应用大全	119			
4	9349225717	圆通快递	别怕，Excel VBA其实很简单（第2版）	59			
5	8040763576	百世汇通	白话聊Excel函数应用100例	69			
6	3765592281	圆通快递	Excel VBA经典代码应用大全	119			
7	8255260292	中通快递	别怕，Excel 函数其实很简单2	59			
8	4524834470	顺丰快递	Excel 2016 数据透视表应用大全	99			
9							

图 6-59

这是一个常用的查询数据的公式套路，可以简单将其描述为

=INDEX(返回值列 ,MATCH(查找值 , 查找值列 ,0))

其中，返回值列和查找值列应是行数或列数相同的单列或单行数据，且查找值列与返回值列中的数据是一一对应的关系。参照这个结构设置公式，就能应对所有使用 VLOOKUP 函数能解决的问题，甚至某些使用 VLOOKUP 函数很难解决的问题，用这个公式结构也能轻松应对。

考考你

你能用 INDEX 和 MATCH 函数解决前文中的各个使用 VLOOKUP 函数解决的问题吗？请依次试一试。相信我，当你能用 INDEX 和 MATCH 函数解决这些问题后，你就能熟练地使用这个公式结构解决各种查询问题了。

6.6.2 案例：用 INDEX 和 MATCH 函数解决逆向查询问题

在使用 VLOOKUP 函数查询数据时，第 2 参数的首列应是包含查找值的列，也就是说，必须保证查找值列位于返回值列的左侧，才能使用 VLOOKUP 函数进行查询。

但在实际工作中，返回值列可能会位于查找值列的左侧，如图 6-60 所示。

图 6-60

像这种返回值列（商品名称）位于查找值列（商品编号）左侧的查询问题，称为逆向查询问题。

很显然，在不更改数据表的前提下，使用 VLOOKUP 函数解决逆向查询问题会非常麻烦，但如果使用 INDEX 和 MATCH 函数这对"黄金搭档"来解决，公式依然很简单，如图 6-61 所示。

$$=INDEX(B:B,MATCH(F2,C:C,0))$$

G2		× ✓ fx	=INDEX(B:B,MATCH(F2,C:C,0))					
	A	B	C	D	E	F	G	H
1	订单编号	商品名称	商品编号	单价		商品编号	商品名称	
2	2963547785	Excel2010数据处理与分析实战技巧精粹	EH001	69		EH003	别怕，Excel VBA其实很简单（第2版）	
3	8996778780	Excel 2016函数与公式应用大全	EH002	119				
4	9349225717	别怕，Excel VBA其实很简单（第2版）	EH003	59				
5	8040763576	白话聊Excel函数应用100例	EH004	69				
6	3765592281	Excel VBA经典代码应用大全	EH005	119				
7	8255260292	别怕，Excel 函数其实很简单2	EH006	59				
8	4524834470	Excel 2016 数据透视表应用大全	EH007	99				
9								

图 6-61

6.6.3　案例：根据订单号中的部分信息查询商品名称

因为 MATCH 函数支持在第 1 参数中使用通配符来设置查找值，所以可以使用 INDEX 和 MATCH 函数解决近似匹配的文本查询问题。

举个例子：在图 6-62 所示的表格中，查询的条件"03"只是商品编号中的一部分字符，如果直接将它设置为查找值，并在数据表中查询商品名称，是查询不到期望的结果的。

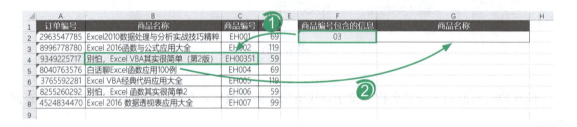

图 6-62

这时候可以使用通配符"*"，将查询条件设置为"*03*"，再使用 MATCH 函数即可查询到包含"03"的数据信息，如图 6-63 所示。

MATCH 函数的第 1 参数使用连接符 & 在 F2 单元格内容的前、后各添加一个通配符 "*"。

=MATCH("*"&F2&"*",C:C,0)

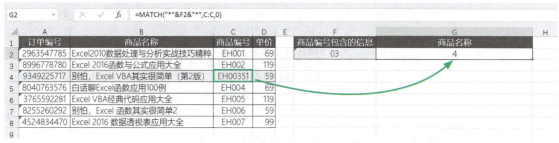

图 6-63

借助通配符，获得包含 "03" 的商品编号的位置后，再借助 INDEX 函数即可获得该编号对应的商品名称或其他信息了，如图 6-64 所示。

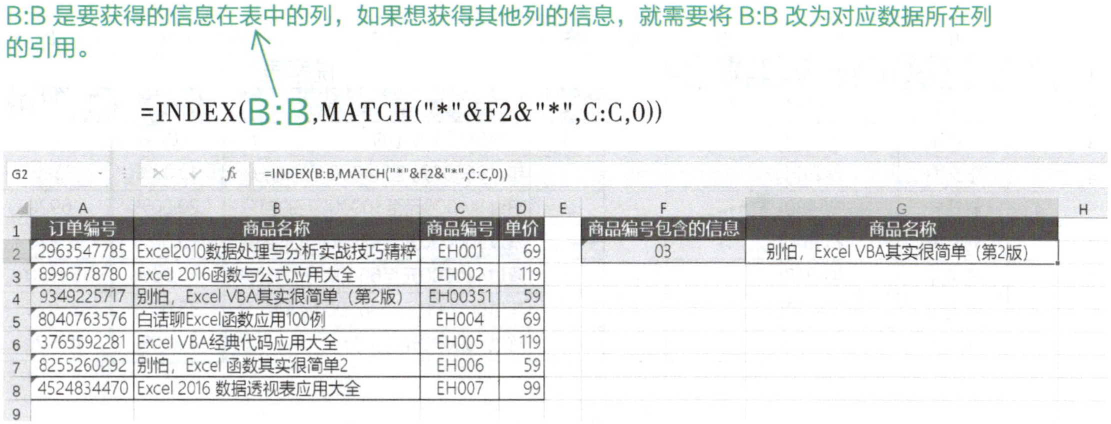

B:B 是要获得的信息在表中的列，如果想获得其他列的信息，就需要将 B:B 改为对应数据所在列的引用。

=INDEX(B:B,MATCH("*"&F2&"*",C:C,0))

图 6-64

所以，使用 VLOOKUP 函数能解决的文本模糊查询问题，一般使用 INDEX 和 MATCH 函数的组合也能解决，而且在某些问题情境中使用起来会更加灵活、方便。

6.6.4　案例：查询适用税率并计算应缴税金额

在使用 MATCH 函数解决查询问题时，对于文本数据的模糊查询问题，通常是使用通配符

来设置第 1 参数的查找值的；而对于数值类型数据的模糊查询问题，通常需要通过函数的第 3 参数来设置模糊查询的方式。

MATCH 函数第 3 参数的设置项及说明在表 6-3 中已详细列出，如果你忘记了，可以回去看一看。

什么时候可能会用到 MATCH 函数近似匹配的查询方式呢？

举个例子：在图 6-65 所示的表格中，C 列是员工的应纳税金额，H 列是各级别纳税金额对应的税率。C 列中应纳税金额不确定，H 列中可选择的税率有 7 个，要确定每个应纳税金额适用的税率是多少，需要看应纳税金额位于 G 列列出的哪个区间，这时就可以用 MATCH 函数的模糊查询方式进行查询。

	A	B	C	D	E	F	G	H	I
1	序号	姓名	应纳税金额	适用税率			税率表		
2	1	李东林	9864			级数	应纳税金额	税率	速算扣除数
3	2	王金宝	166478			1	不超过36000元的	3.00%	0
4	3	张文悦	242191			2	超过36000元至144000元的部分	10.00%	2520
5	4	赵翠芳	95480			3	超过144000元至300000元的部分	20.00%	16920
6	5	刘文进	818510			4	超过300000元至420000元的部分	25.00%	31920
7	6	杨凤萍	101968			5	超过420000元至660000元的部分	30.00%	52920
8	7	高金茂	3264163			6	超过660000元至960000元的部分	35.00%	85920
9	8	许蓝星	48000			7	超过960000元的部分	45.00%	181920

图 6-65

下面我们来看一看怎样借助 INDEX 和 MATCH 函数查询适用税率。

第 1 步：在税率表中添加一个辅助列，在其中写入每个级别的最低应纳税金额，并保证税率表按辅助列升序排列，如图 6-66 所示。

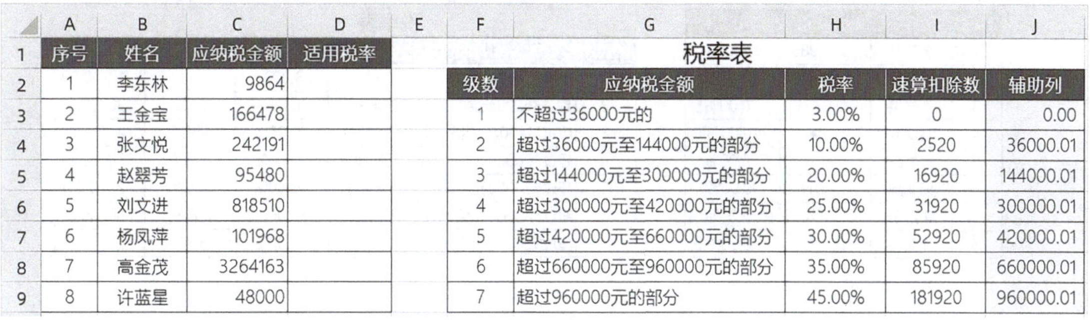

	A	B	C	D	E	F	G	H	I	J
1	序号	姓名	应纳税金额	适用税率				税率表		
						级数	应纳税金额	税率	速算扣除数	辅助列
2	1	李东林	9864			1	不超过36000元的	3.00%	0	0.00
3	2	王金宝	166478			2	超过36000元至144000元的部分	10.00%	2520	36000.01
4	3	张文悦	242191			3	超过144000元至300000元的部分	20.00%	16920	144000.01
5	4	赵翠芳	95480			4	超过300000元至420000元的部分	25.00%	31920	300000.01
6	5	刘文进	818510			5	超过420000元至660000元的部分	30.00%	52920	420000.01
7	6	杨凤萍	101968			6	超过660000元至960000元的部分	35.00%	85920	660000.01
8	7	高金茂	3264163			7	超过960000元的部分	45.00%	181920	960000.01
9	8	许蓝星	48000							

图 6-66

第 2 步：使用 MATCH 函数，在辅助列中查询小于或等于 C 列应纳税金额的最大值所在的位置，如图 6-67 所示。

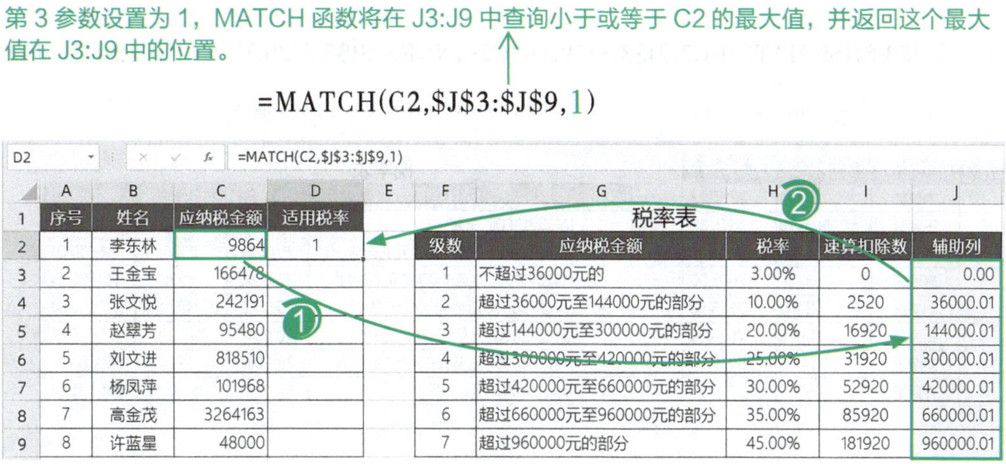

第 3 参数设置为 1，MATCH 函数将在 J3:J9 中查询小于或等于 C2 的最大值，并返回这个最大值在 J3:J9 中的位置。

$$=MATCH(C2,\$J\$3:\$J\$9,1)$$

D2				f_x	=MATCH(C2,$J$3:$J$9,1)					
	A	B	C	D	E	F	G	H	I	J
1	序号	姓名	应纳税金额	适用税率				税率表		
						级数	应纳税金额	税率	速算扣除数	辅助列
2	1	李东林	9864	1		1	不超过36000元的	3.00%	0	0.00
3	2	王金宝	166478			2	超过36000元至144000元的部分	10.00%	2520	36000.01
4	3	张文悦	242191			3	超过144000元至300000元的部分	20.00%	16920	144000.01
5	4	赵翠芳	95480			4	超过300000元至420000元的部分	25.00%	31920	300000.01
6	5	刘文进	818510			5	超过420000元至660000元的部分	30.00%	52920	420000.01
7	6	杨凤萍	101968			6	超过660000元至960000元的部分	35.00%	85920	660000.01
8	7	高金茂	3264163			7	超过960000元的部分	45.00%	181920	960000.01
9	8	许蓝星	48000							

图 6-67

第 3 步：借助 INDEX 函数，获得 H 列中与 MATCH 函数返回位置匹配的适用税率，并将公式填充、复制到同列的其他单元格中，如图 6-68 所示。

=INDEX($H$3:$H$9,MATCH(C2,$J$3:$J$9,1))

fx =INDEX($H$3:$H$9,MATCH(C2,$J$3:$J$9,1))

序号	姓名	应纳税金额	适用税率		级数	应纳税金额	税率	速算扣除数	辅助列
						税率表			
1	李东林	9864	3.00%		1	不超过36000元的	3.00%	0	0.00
2	王金宝	166478	20.00%		2	超过36000元至144000元的部分	10.00%	2520	36000.01
3	张文悦	242191	20.00%		3	超过144000元至300000元的部分	20.00%	16920	144000.01
4	赵翠芳	95480	10.00%		4	超过300000元至420000元的部分	25.00%	31920	300000.01
5	刘文进	818510	35.00%		5	超过420000元至660000元的部分	30.00%	52920	420000.01
6	杨凤萍	101968	10.00%		6	超过660000元至960000元的部分	35.00%	85920	660000.01
7	高金茂	3264163	45.00%		7	超过960000元的部分	45.00%	181920	960000.01
8	许蓝星	48000	10.00%						

图 6-68

还可以借助相同的思路获得税率表中的速算扣除数，进而求得每个人的应纳税金额，如图 6-69 所示。

应纳税金额 = 适用税率 * 应纳税金额 − 速算扣除数

=INDEX($H$3:$H$9,MATCH(C2,$J$3:$J$9,1))*C2−INDEX($I$3:$I$9,MATCH(C2,$J$3:$J$9,1))

fx =INDEX($H$3:$H$9,MATCH(C2,$J$3:$J$9,1))*C2-INDEX($I$3:$I$9,MATCH(C2,$J$3:$J$9,1))

序号	姓名	应纳税金额	应缴税额		级数	应纳税金额	税率	速算扣除数	辅助列
						税率表			
1	李东林	9864	295.92		1	不超过36000元的	3.00%	0	0.00
2	王金宝	166478	16375.60		2	超过36000元至144000元的部分	10.00%	2520	36000.01
3	张文悦	242191	31518.20		3	超过144000元至300000元的部分	20.00%	16920	144000.01
4	赵翠芳	95480	7028.00		4	超过300000元至420000元的部分	25.00%	31920	300000.01
5	刘文进	818510	200558.50		5	超过420000元至660000元的部分	30.00%	52920	420000.01
6	杨凤萍	101968	7676.80		6	超过660000元至960000元的部分	35.00%	85920	660000.01
7	高金茂	3264163	1286953.35		7	超过960000元的部分	45.00%	181920	960000.01
8	许蓝星	48000	2280.00						

图 6-69

如果想删除表中的税率表及辅助列中的信息，可以依次选中公式中相应的区域，按 <F9> 键将其转换为常量数组，如图 6-70 所示。

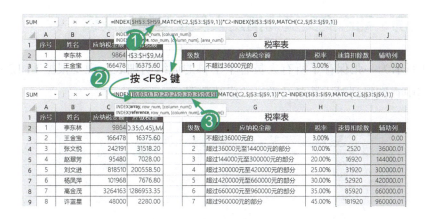

图 6-70

这样就可以将税率表及辅助列删除，且不会影响公式计算，如图 6-71 所示。

=INDEX({0.03;0.1;0.2;0.25;0.3;0.35;0.45},MATCH(C2,{0;36000.01;144000.01;
300000.01;420000.01;660000.01;960000.01},1))*C2-INDEX({0;2520;16920;31920;
52920;85920;181920},MATCH(C2,{0;36000.01;144000.01;300000.01;420000.01;
660000.01;960000.01},1))

	A	B	C	D	E	F	G	H	I	J	K
1	序号	姓名	应纳税金额	应缴税额							
2	1	李东林	9864	295.92							
3	2	王金宝	166478	16375.60							
4	3	张文悦	242191	31518.20							
5	4	赵翠芳	95480	7028.00							
6	5	刘文进	818510	200558.50							
7	6	杨凤萍	101968	7676.80							
8	7	高金茂	3264163	1286953.35							
9	8	许蓝星	48000	2280.00							

图 6-71

你可能会觉得这个公式有点儿长，但相信我，在理解基本的算法和原理后，随着对函数、公式学习的深入，你一定能写出更简洁、更优秀的公式。

6.6.5 案例：动态交叉查询指定人员及学科的成绩

图 6-72 所示为一张保存了所有人员各个学科的成绩明细表，现要根据 L1:L2 中的姓名和学科在 A:I 列中查询得到对应姓名及学科的成绩数据。

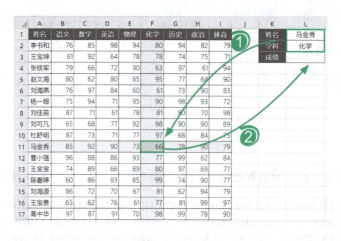

图 6-72

类似的动态交叉查询问题使用 INDEX 函数和 MATCH 函数也能解决，使用 MATCH 函数分别查询指定姓名在 A 列、指定学科在第 1 行中出现的位置，再借助 INDEX 函数从成绩明细表中获取相应位置的数据即可，如图 6-73 所示。

$$=INDEX(A1:I18,MATCH(L1,A:A,0),MATCH(L2,1:1,0))$$

	A	B	C	D	E	F	G	H	I	J	K	L	M
L3				fx		=INDEX(A1:I18,MATCH(L1,A:A,0),MATCH(L2,1:1,0))							
1	姓名	语文	数学	英语	物理	化学	历史	政治	体育		姓名	叔丽思	
2	李狗蛋	76	85	98	94	80	94	82	79		学科	化学	
3	王大锤	61	92	64	78	78	74	75	71		成绩	66	
4	张铁柱	79	66	72	90	63	97	61	94				
5	赵铁柱	80	62	80	65	95	77	64	90				
6	刘肉包	76	97	84	60	61	73	90	83				
7	杨超生	75	94	71	95	90	98	93	72				
8	刘翠花	87	71	61	78	81	80	70	98				
9	何小凡	81	95	68	86	67	86	98	75				
10	刘大傻	65	68	77	92	90	90	90	89				
11	杜小雨	87	73	71	77	97	68	84	75				
12	叔丽思	85	92	90	73	66	78	90	79				
13	曹小强	96	88	86	93	77	99	62	84				
14	王小贱	74	89	66	89	80	97	69	77				
15	阳春春	60	86	93	85	99	74	90	77				
16	刘铁蛋	86	72	70	67	81	62	94	79				
17	王富贵	65	62	76	61	77	81	99	97				
18	高华华	97	87	91	70	98	99	78	90				
19													

图 6-73

这样，当更改 L1:L2 中的查询条件时，返回的成绩就会自动更新，实现动态查询。

6.7 功能强大的新查询函数 XLOOKUP

Excel 2021 和 Microsoft 365 中新增了 XLOOKUP 函数，这个函数可以看作 VLOOKUP 的升级版，有更强大的查询功能。它有 6 个参数：

XLOOKUP(找什么，在哪找，返回什么，没找到怎么办，匹配方式，查找顺序)

前 3 个参数是必填的，后 3 个参数是可选的。

比如，要在图 6-74 所示的表格中，根据 H2 的商品编号返回对应的商品名称，可以在 I2 单元格使用以下公式：

=XLOOKUP(E2,A2:A15,B2:B15)

图 6-74

XLOOKUP 函数可以灵活地指定在哪里查找，相比 VLOOKUP 函数能适应更多的查询场景。比如，数据表中的商品编号位于商品名称之前，如果用 VLOOKUP 函数通常只能根据商品编号查询对应的商品名称，但是 XLOOKUP 可以方便地根据商品名称查询对应的商品编号，如图 6-75 所示。

没找到怎么办

=XLOOKUP(E2,B2:B15,A2:A15,"无")

	A	B	C	D	E	F
1	商品编号	商品名称	出版时间		商品名称	商品编号
2	EH001	Excel2010数据处理与分析实战技巧精粹	2014/1/1		菜鸟啃Excel	EH014
3	EH002	Excel 2013数据透视表应用大全（全彩版）	2018/3/1		Excel2016应用大全	EH011
4	EH003	别怕，Excel VBA其实很简单（第2版）	2016/6/1		Excel 2010应用大全	EH013
5	EH004	Excel 2016函数与公式应用大全	2018/11/1		别怕，Excel 函数其实很简单3	无
6	EH005	白话聊Excel函数应用100例	2020/4/1			
7	EH006	Excel 2013高效办公市场与销售管理	2016/4/1			
8	EH007	Excel VBA经典代码应用大全	2019/1/1			
9	EH008	Excel 2010高效办公人力资源与行政管理	2016/4/1			
10	EH009	别怕，Excel 函数其实很简单2	2016/5/1			
11	EH010	Excel 2010图表实战技巧精粹	2014/1/1			
12	EH011	Excel2016应用大全	2018/2/1			
13	EH012	Excel 2016 数据透视表应用大全	2018/11/1			
14	EH013	Excel 2010应用大全	2011/12/1			
15	EH014	菜鸟啃Excel	2012/1/1			

图 6-75

上面的公式用到了第 4 参数，定义了当找不到商品名称时返回的内容——"无"。

XLOOKUP 函数的用法还有不少，受篇幅限制，本书不做介绍，请感兴趣的读者参阅 Excel Home 公众号上的相关文章。

6.8 返回多条查询结果的 FILTER 函数

6.1.8 小节中讲解了如何用 VLOOKUP 函数查询符合条件的多条记录，公式稍微有些复杂。Excel 2021 和 Microsoft 365 新增了 FILTER 函数，可以专门用于解决此类问题。

在图 6-76 所示的表格中，要求在 E 列返回所有类别为"函数公式"的商品名称。

	A	B	C	D	E
1	类别	商品名称		类别	商品名称
2	透视表	Excel 2013数据透视表应用大全		函数公式	
3	函数公式	Excel 2016函数与公式应用大全			
4	VBA	别怕，Excel VBA其实很简单			
5	函数公式	白话聊Excel函数应用100例			
6	VBA	Excel VBA经典代码应用大全			
7	图表	Excel 2010图表实战技巧精粹			
8	函数公式	别怕，Excel 函数其实很简单2			
9	透视表	Excel 2016 数据透视表应用大全			

图 6-76

选中 E2 单元格，输入下面的公式：

=FILTER(B2:B9,A2:A9=D2)

按 <Enter> 键即可返回所有结果，如图 6-77 所示。

E3	∨ : × ✓ fx =FILTER(B2:B9,A2:A9=D2)				
	A	B	C	D	E
1	类别	商品名称		类别	商品名称
2	透视表	Excel 2013数据透视表应用大全		函数公式	Excel 2016函数与公式应用大全
3	函数公式	Excel 2016函数与公式应用大全			白话聊Excel函数应用100例
4	VBA	别怕，Excel VBA其实很简单			别怕，Excel 函数其实很简单2
5	函数公式	白话聊Excel函数应用100例			
6	VBA	Excel VBA经典代码应用大全			
7	图表	Excel 2010图表实战技巧精粹			
8	函数公式	别怕，Excel 函数其实很简单2			
9	透视表	Excel 2016 数据透视表应用大全			

图 6-77

这种在一个单元格输入公式就返回结果到多个单元格的效果，称为"溢出"，是 Excel 2021 新增的动态数组特性，只有少量新函数支持这种特性。

FILTER 函数有 3 个参数：

FILTER(需要筛选的数组或区域 , 筛选条件 , 当筛选结果为空时返回的指定值)

第  章

公式计算不正确，查找错误有妙招

任何一个公式都有出错的可能，但大家不必为此担心。因为针对每一种错误，Excel 都会告诉我们出错的类型，指引我们去修正它。

本章，我们将一起来了解公式返回错误值及不正确结果的主要原因，学习阅读和解读公式的技巧。相信我，掌握这些技巧后，你将能熟练地阅读和理解 Excel 公式的组成及意图，能应对公式返回的各种错误结果，提高自身对 Excel 函数和公式的应用能力。

解读公式、分析公式、查找公式出错的原因……本章介绍的都是使用 Excel 公式解决问题的基本知识，也是大家提升 Excel 公式实战能力必备的技能。

所以在学习本章内容时，建议大家采用精读的方式，特别是对于解读公式的常用工具及技巧，要多加实践和练习。学习完本章内容后，大家应能熟练地利用相关工具及技巧解读复杂的公式，查询公式中可能存在的各种错误，并进行修正。

7.1 Excel 中的公式可能会出现哪些错误

7.1.1 公式出错，就是公式没有返回期望的结果

如果一个公式返回的不是期望的结果，那么这个公式中可能存在错误。

公式出错的原因有很多，比如设置的公式逻辑存在问题、函数名称写错、函数参数设置错误、括号不匹配、引用一个根本不存在的区域等。

不同的错误，Excel 给出的提示也不完全相同，正确认识这些提示信息，才能快速查找并修正这些错误。

7.1.2 有些错误，Excel 能自动发现并进行提示

很多时候，如果我们写的公式存在问题，Excel 会给出相应提示。

Excel 比我们想象的更"聪明"。

当我们在单元格中输入一个公式后，它会对这个公式进行检查，如果这个公式不符合语法规则（如输入的括号不匹配，函数的参数设置错误等），Excel 就会通过相应的提示对话框告诉我们，如图 7-1 和图 7-2 所示。

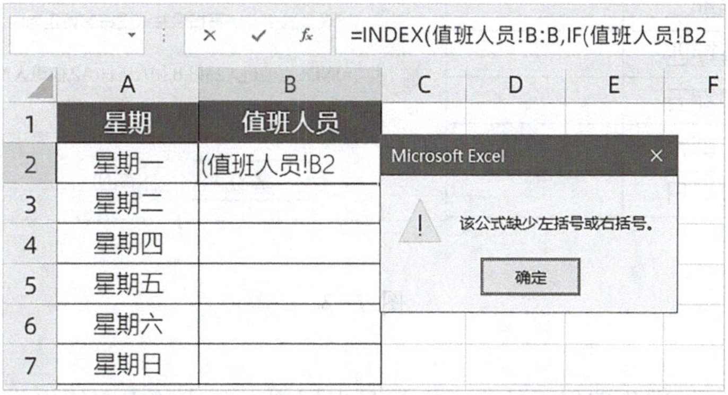

图 7-1

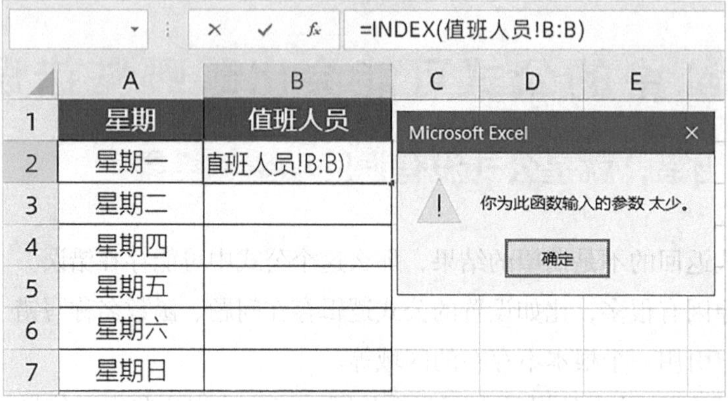

图 7-2

这是 Excel 公式错误中较容易处理的一类，一般根据对话框中的提示进行修正即可。甚至对于某些错误，Excel 还能自动更正，如图 7-3 所示。

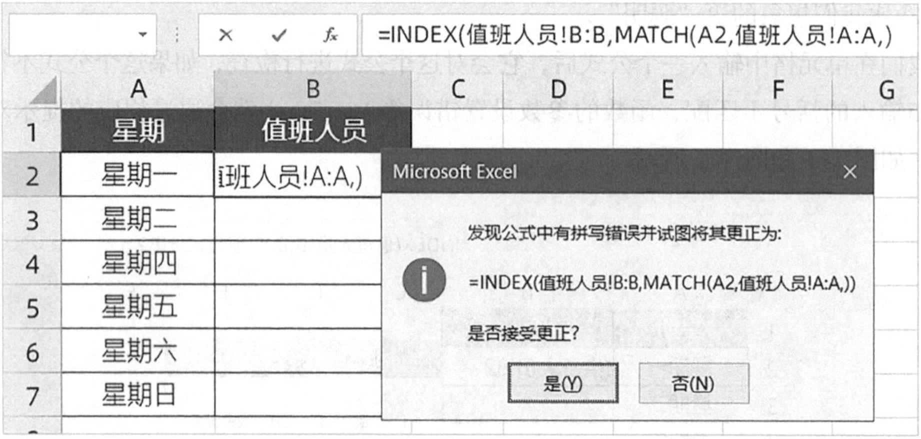

图 7-3

但毕竟 Excel 不知道我们想干什么，它只是根据现有公式的内容给出更正的意见，未必符合我们的意图。因此，当我们遇到类似的提示后，最好不要盲目地单击【是】按钮，而应该仔细检查公式中存在的问题，并手动进行更正。

7.1.3 每种错误值，都包含了公式出错的原因

在第 2 章中曾提到，Excel 中一共包含 8 种错误值，如图 7-4 所示。

错
误
值

| #DIV/0! |
| #VALUE! |
| #N/A |
| #NUM! |
| #REF! |
| #NAME? |
| #NULL! |
| ########## |

图 7-4

这些错误值大多是由公式错误计算产生的，不同的错误值，产生的原因并不相同。了解各种错误值产生的原因，我们就能"对症下药"，对公式进行修正。

对于这 8 种错误值产生的原因及处理思路，我们将在 7.2 节中详细介绍。

7.1.4 逻辑有误，公式就不能返回正确的结果

对于输入 Excel 中的某些公式，返回的可能不是我们期望的结果。例如，用公式查找张三的工资，但返回的却是李四的收入。

像这样的公式从语法上看可能没有任何问题，输入公式后，Excel 也不会给出任何错误或警告提示，这样的公式错误一般称为逻辑错误。

出现逻辑错误，是因为在编写公式时，设置的计算方法或计算逻辑存在问题。

逻辑错误是比较不容易查找和发现的一类错误。如果公式出现逻辑错误，需要我们认真分析、检查公式中运算符或函数是否设置正确、计算顺序是否恰当。

这需要我们能熟练利用 Excel 提供的一些解读和调试公式的工具，具备一定的公式解读和分析能力。关于这些知识点，我们将在 7.4 节中详细介绍。

7.2 公式返回的错误值代表什么意思

有一点需要先明确：公式计算出错可能会返回错误值，但是返回错误值的公式并不全都是错误的公式。

下面就来看一看公式返回的每种错误值分别代表什么意思。

7.2.1 返回 #####，可能是因为单元格格式设置错误

当在单元格中输入公式后，单元格中显示的是 ####，原因通常只有两种。

一是单元格列宽不够，调大列宽即可解决问题。

如果单元格中公式返回（或直接在单元格中输入）的数字位数较多，但是数据所在单元格的列宽设置较小，因为单元格不足以将输入其中的内容全部显示出来，就会将其显示为数个 #。这时，调整这些单元格所在列的列宽即可让数据正常显示，如图 7-5 所示。

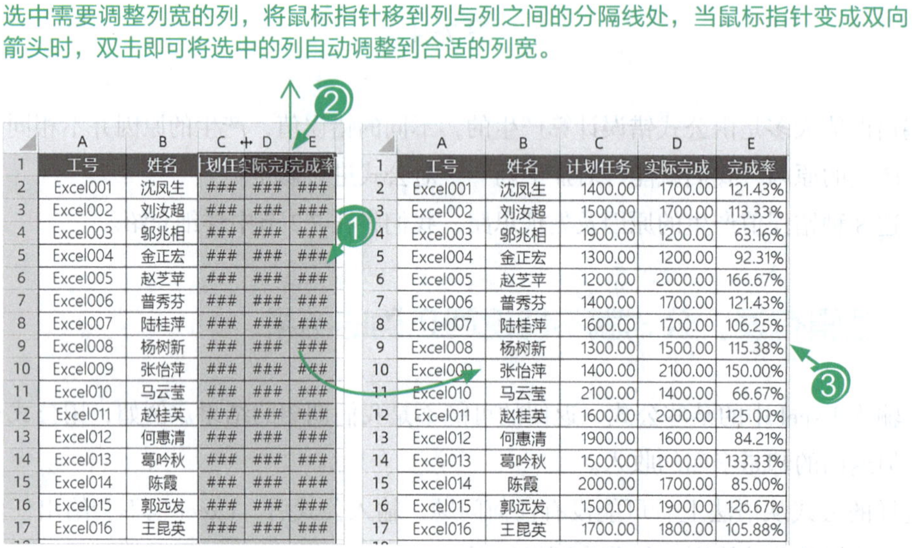
选中需要调整列宽的列，将鼠标指针移到列与列之间的分隔线处，当鼠标指针变成双向箭头时，双击即可将选中的列自动调整到合适的列宽。
②
①
③

	A	B	C	D	E
1	工号	姓名	十划任	实际完	完成率
2	Excel001	沈凤生	###	###	###
3	Excel002	刘汝超	###	###	###
4	Excel003	邬兆相	###	###	###
5	Excel004	金正宏	###	###	###
6	Excel005	赵芝苹	###	###	###
7	Excel006	普秀芬	###	###	###
8	Excel007	陆桂萍	###	###	###
9	Excel008	杨树新	###	###	###
10	Excel009	张怡萍	###	###	###
11	Excel010	马云莹	###	###	###
12	Excel011	赵桂英	###	###	###
13	Excel012	何惠清	###	###	###
14	Excel013	葛吟秋	###	###	###
15	Excel014	陈霞	###	###	###
16	Excel015	郭远发	###	###	###
17	Excel016	王昆英	###	###	###

	A	B	C	D	E
1	工号	姓名	计划任务	实际完成	完成率
2	Excel001	沈凤生	1400.00	1700.00	121.43%
3	Excel002	刘汝超	1500.00	1700.00	113.33%
4	Excel003	邬兆相	1900.00	1200.00	63.16%
5	Excel004	金正宏	1300.00	1200.00	92.31%
6	Excel005	赵芝苹	1200.00	2000.00	166.67%
7	Excel006	普秀芬	1400.00	1700.00	121.43%
8	Excel007	陆桂萍	1600.00	1700.00	106.25%
9	Excel008	杨树新	1300.00	1500.00	115.38%
10	Excel009	张怡萍	1400.00	2100.00	150.00%
11	Excel010	马云莹	2100.00	1400.00	66.67%
12	Excel011	赵桂英	1600.00	2000.00	125.00%
13	Excel012	何惠清	1900.00	1600.00	84.21%
14	Excel013	葛吟秋	1500.00	2000.00	133.33%
15	Excel014	陈霞	2000.00	1700.00	85.00%
16	Excel015	郭远发	1500.00	1900.00	126.67%
17	Excel016	王昆英	1700.00	1800.00	105.88%

图 7-5

二是在被设置为日期或时间格式的单元格中保存了不能转换为日期或时间的数值（如负数等），如图 7-6 所示。

日期对应的数值都是正数，当在日期格式的单元格中输入负数后，Excel 不知道将它显示为何日期，所以显示为数个 #。
文件
开始
插入
页面布局
公式
数据
审阅
视图
开发工具
操作说明搜索
粘贴
剪贴板
Microsoft YaHei UI Light
12
字体
对齐方式
日期
数字
C2
-12
A B C D E F
1 工号 姓名 出生日期
2 Excel001 沈凤生 ################
3 Excel002 刘汝超 1998年3月2日
4 Excel003 邬兆相 ################

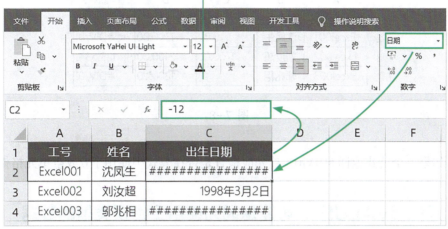

图 7-6

了解到这一点后，再遇到类似的情况，就要检查输入的数据或单元格格式是否正确。

7.2.2 返回 #DIV/O!，可能是因为有公式将 0 设置为除数

在执行算术运算时，0 不能为除数。如果在式中使用 0 为除数，公式就会返回错误值 #DIV/0!，以此提示我们公式出错的原因，如图 7-7 所示。

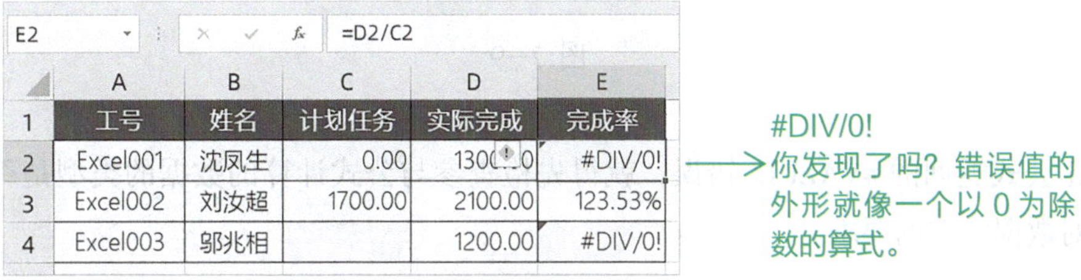

E2
=D2/C2
A B C D E
1 工号 姓名 计划任务 实际完成 完成率
2 Excel001 沈凤生 0.00 1300.00 #DIV/0!
3 Excel002 刘汝超 1700.00 2100.00 123.53%
4 Excel003 邬兆相 1200.00 #DIV/0!
#DIV/0!
你发现了吗？错误值的外形就像一个以 0 为除数的算式。

图 7-7

如果在公式中让空单元格参与算术运算，空单元格也会被当成数值 0，所以如果除数是对空单元格的引用，公式也会返回错误值 #DIV/0!，如图 7-8 所示。

图 7-8

所以, 如果一个公式返回 #DIV/0!, 首先应检查是否在公式中使用了 0 或空单元格作为除数。

7.2.3 返回 #VALUE!, 可能是因为使用了错误类型的数据

正如不能将鸡放在水里养、不能将鱼关在鸡笼里, 在 Excel 中, 也不能胡乱将不同类型的数据凑在一起, 使用错误类型的数据参与公式计算。

如果在公式中使用错误类型的数据参与计算, 公式就会返回错误值 #VALUE! 进行提示。

例如, 让文本字符串和数值直接相加求和, 公式会返回 #VALUE! 错误, 如图 7-9 所示。

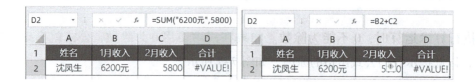

图 7-9

要修正公式返回的 #VALUE! 错误, 就得先检查参与公式计算的数据的类型是否符合要执行的计算对数据类型的要求。

7.2.4 返回 #NAME?, 可能是因为函数或参数名称输入错误

如果公式中包含 Excel 不认识的内容, 公式就会返回错误值 #NAME?。

例如, 在公式中将函数名称 COUNTIF 误写为 COUNIF, 由于 Excel 无法识别 COUNIF, 就会返回错误值 #NAME?, 如图 7-10 所示。

COUNIF 是什么？ Excel 翻遍所有的内部资料也无法找到它，更找不到处理它的方式，所以返回错误值 #NAME?。

	A	B	C	D	E	F	G	H
							=COUNIF(E2:E10,">=1")	
1	工号	姓名	计划任务	实际完成	完成率		目标完成人数	#NAME?
2	Excel001	沈凤生	1400.00	1700.00	121.43%			
3	Excel002	刘汝超	1500.00	1700.00	113.33%			
4	Excel003	邬兆相	1900.00	1200.00	63.16%			
5	Excel004	金正宏	1300.00	1200.00	92.31%			
6	Excel005	赵芝苹	1200.00	2000.00	166.67%			
7	Excel006	普秀芬	1400.00	1700.00	121.43%			
8	Excel007	陆桂萍	1600.00	1700.00	106.25%			
9	Excel008	杨树新	1300.00	1500.00	115.38%			
10	Excel009	张怡萍	1400.00	2100.00	150.00%			

图 7-10

如果在公式中的文本数据没有写在英文半角的双引号之间，公式也可能会返回错误值 #NAME?，如图 7-11 所示。

王小丫不是单元格引用，不是函数名称，也不是定义的名称。Excel 无法识别和处理它，因此返回错误值 #NAME?。

=VLOOKUP(王小丫 ,B:E,4,TRUE)

	A	B	C	D	E	F	G	H
							=VLOOKUP(王小丫,B:E,4,TRUE)	
1	工号	姓名	计划任务	实际完成	完成率		王小丫的完成率	#NAME?
2	Excel001	沈凤生	1400.00	1700.00	121.43%			
3	Excel002	刘汝超	1500.00	1700.00	113.33%			
4	Excel003	邬兆相	1900.00	1200.00	63.16%			
5	Excel004	金正宏	1300.00	1200.00	92.31%			
6	Excel005	赵芝苹	1200.00	2000.00	166.67%			
7	Excel006	普秀芬	1400.00	1700.00	121.43%			
8	Excel007	陆桂萍	1600.00	1700.00	106.25%			
9	Excel008	王小丫	1300.00	1500.00	115.38%			
10	Excel009	张怡萍	1400.00	2100.00	150.00%			

图 7-11

如果公式中的文本数据没有写在英文半角的双引号之间，Excel 不会把它当成文本，而是会把它识别为函数名称、定义的名称、单元格引用等其他信息，如果 Excel 没有找到对应的函数、

名称等信息，就会通过 #NAME? 告诉我们公式中存在不能识别的错误字符。

你知道为什么公式中的文本数据一定要写在英文半角的双引号之间了吧？

了解这些信息后，当公式返回错误值 #NAME? 时，我们应该检查公式中的函数名称、单元格地址、文本之类的信息是否书写正确。

7.2.5　返回 #REF!，可能是公式中使用了无效的单元格引用

如果一个公式返回错误值 #REF!，原因可能有两种。

一种原因可能是删除了公式中原来引用的单元格。

如果删除了公式中引用的单元格，就会导致公式中原有的引用变成一个无效引用，公式就会返回错误值 #REF!，如图 7-12 所示。

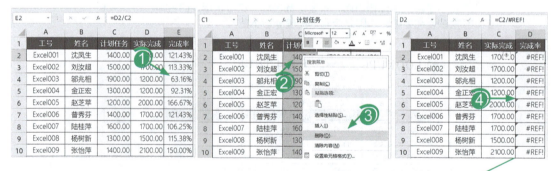

计算完成率的公式引用了计划任务列的数据参与计算，当删除计划任务列后，公式引用的区域就不存在了，所以返回错误值 #REF!。

图 7-12

如果错误值 #REF! 是因为删除公式引用的单元格产生，那么公式中原来的引用区域也会变为错误值 #REF!，如图 7-13 所示。

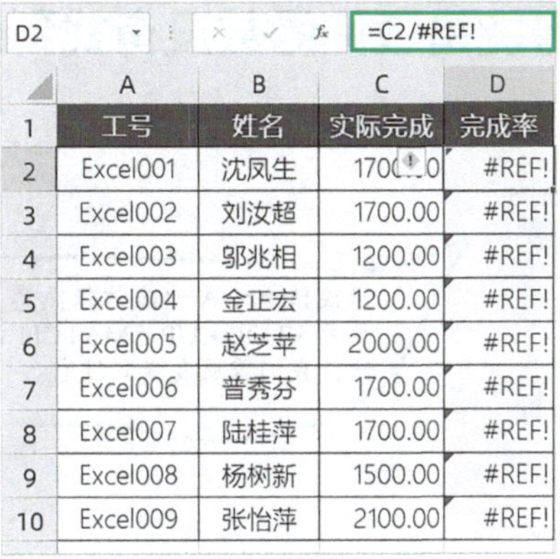

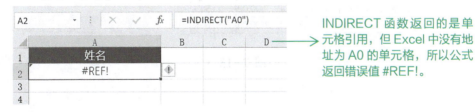

图 7-13

知道了出错的原因，就能找到解决的办法：如果删除单元格后未保存修改，可以执行【撤销】命令将公式恢复为原样，或者重新设置一个新的数据参与公式计算。

公式返回错误值 #REF! 的另一种原因可能是在公式中引用了一个根本不存在的单元格。

如果没有删除公式引用的单元格，公式中也没有包含错误值 #REF!，但仍然返回错误值 #REF!，就可能是因为在公式引用了一个根本不存在的单元格，如图 7-14 所示。

INDIRECT 函数用于将参数中的文本地址转换为对应的单元格引用。
这个公式就是将 "A0" 转换为地址是 A0 的单元格引用。

=INDIRECT("A0")

INDIRECT 函数返回的是单元格引用，但 Excel 中没有地址为 A0 的单元格，所以公式返回错误值 #REF!。

图 7-14

这时，就需要仔细检查公式中每个参数对于单元格的引用是否正确。

7.2.6　返回 #N/A，可能是查询函数没有找到匹配的数据

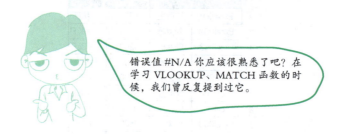

> 错误值 #N/A 你应该很熟悉了吧？在学习 VLOOKUP、MATCH 函数的时候，我们曾反复提到过它。

　　如果一个公式返回错误值 #N/A，可能是公式中的某个数据对函数或公式而言不是可用的数据。较为常见的情况：使用 VLOOKUP、HLOOKUP、MATCH、LOOKUP 等函数查询数据时，没有找到与查找值匹配的数据，如图 7-15 和图 7-16 所示。

A 列中没有查找值"Excel1666"，VLOOKUP 函数认为你提供的查找值是无效的数据，所以返回错误值 #N/A。

H2			fx	=VLOOKUP(G2,A:E,5,FALSE)			
	A	B	C	D	E	F	G	H
1	工号	姓名	计划任务	实际完成	完成率		工号	完成率
2	Excel001	沈凤生	1400.00	1700.00	121.43%		Excel1666	#N/A
3	Excel002	刘汝超	1500.00	1700.00	113.33%			
4	Excel003	邬兆相	1900.00	1200.00	63.16%			
5	Excel004	金正宏	1300.00	1200.00	92.31%			
6	Excel005	赵芝苹	1200.00	2000.00	166.67%			
7	Excel006	普秀芬	1400.00	1700.00	121.43%			
8	Excel007	陆桂萍	1600.00	1700.00	106.25%			
9	Excel008	王小丫	1300.00	1500.00	115.38%			
10	Excel009	张怡萍	1400.00	2100.00	150.00%			

图 7-15

A 列中没有查找值"Excel1666"，MATCH 函数认为你提供的查找值
是无效的数据，所以返回错误值 #N/A。

H2		× ✓ fx	=MATCH(G2,A:A,0)					
	A	B	C	D	E	F	G	H
1	工号	姓名	计划任务	实际完成	完成率		工号	在A列中的位置
2	Excel001	沈凤生	1400.00	1700.00	121.43%		Excel1666	#N/A
3	Excel002	刘汝超	1500.00	1700.00	113.33%			
4	Excel003	邬兆相	1900.00	1200.00	63.16%			
5	Excel004	金正宏	1300.00	1200.00	92.31%			
6	Excel005	赵芝苹	1200.00	2000.00	166.67%			
7	Excel006	普秀芬	1400.00	1700.00	121.43%			
8	Excel007	陆桂萍	1600.00	1700.00	106.25%			
9	Excel008	王小丫	1300.00	1500.00	115.38%			
10	Excel009	张怡萍	1400.00	2100.00	150.00%			

图 7-16

公式返回错误值 #N/A，大多是因为查询函数无法完成指定的查询任务。这就像是在一筐苹果中无法找到梨子，让函数完成一个不可能完成的查询任务，函数就会返回错误值 #N/A。

所以，当一个公式返回错误值 #N/A 时，应先检查公式中的每一个查询函数的参数是否设置正确、查找值或查找区域是否使用正确的引用样式等。

7.2.7　返回 #NUM!，可能是给函数设置了无效的数值参数

如果函数的参数需要设置为数值，但我们替它设置了一个无效的数值，函数就可能会返回错误值 #NUM!，如图 7-17 所示。

−25 没有平方根，所以 SQRT 函数的参数不能设置为负数。　　　　DATE 函数的第 1 参数不能设置为负数。

B2		× ✓ fx	=SQRT(A2)	
	A	B	C	
1	数值	算术平方根		
2	-25	#NUM!		
3	16	4		
4	100	10		
5				

D2		× ✓ fx	=DATE(A2,B2,C2)		
	A	B	C	D	E
1	年份	月份	号数	日期	
2	-2021	3	1	#NUM!	
3	2020	9	25	2020-9-25	
4	2019	10	5	2019-10-5	
5					

图 7-17

除此之外，如果公式返回结果超出 Excel 可处理的数值范围，公式也会返回错误值 #NUM!，如图 7-18 所示。

Excel 只能处理介于 -10^{307} 和 10^{307} 的数值，$9*10^{308}$ 在这个范围之外。

比如矿泉水瓶只能装一升水，你能把十升水全装在里面吗？该单元格也不能存储大于 10^{307} 的数据，所以公式返回错误值 #NUM!。

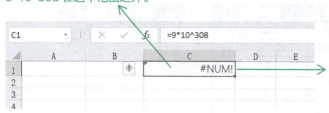

图 7-18

7.2.8　返回 #NULL!，可能是引用运算符没有可返回区域

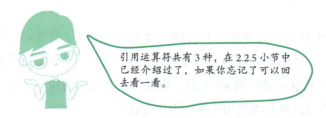

引用运算符共有 3 种，在 2.2.5 小节中已经介绍过了，如果你忘记了可以回去看一看。

引用运算符中求交叉区域的运算符（空格），返回的是运算符左右两边两个区域的公共区域，如图 7-19 所示。

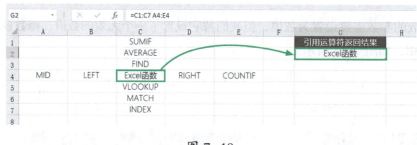

图 7-19

如果运算符（空格）左右两边的区域没有公共区域，就会返回错误值 #NULL!，如图 7-20 所示。

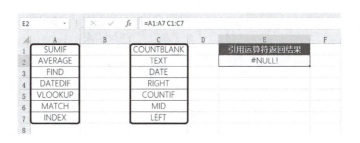

图 7-20

所以，如果公式返回错误值 #NULL!，首先应该检查是否使用了引用运算符中的空格、运算符左右两边的区域是否有公共区域。

注意

如果一个公式返回错误值，将它设置为其他函数的参数或使其参与其他公式的计算，其他函数或公式也将返回错误值。所以，无论公式返回什么错误值，都应该仔细分析、检查公式中各个部分是否设置正确。

7.2.9 不用牢记每个出错原因，错误检查器能给出提示

如果设置允许 Excel 对输入的公式进行错误检查（默认为允许），选择返回错误值公式所在的单元格，Excel 会在单元格旁边显示一个错误检查按钮，如图 7-21 所示。

这个包含感叹号的按钮就是错误检查按钮。

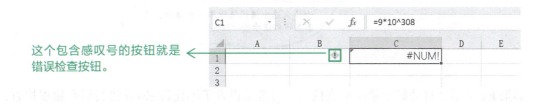

图 7-21

这时候，将鼠标指针移到错误检查按钮上，停留一会儿，Excel 会自动显示该错误值的相关信息，如图 7-22 所示。

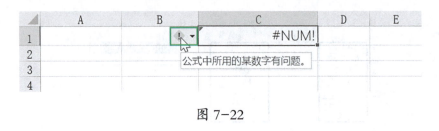

图 7-22

不同的错误值，显示的信息也不相同。

这些信息能帮助我们了解公式出错的原因。单击错误检查按钮，Excel 会显示一个菜单，其中列出了许多可选的命令项，我们可以选择执行其中的某条命令来了解该错误的其他信息，如图 7-23 所示。

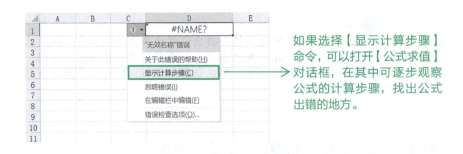

图 7-23

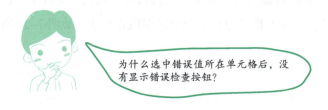

为什么选中错误值所在单元格后，没有显示错误检查按钮？

如果 Excel 不会自动显示错误检查按钮，可能是设置了不允许 Excel 进行后台错误检查，可以在【Excel 选项】对话框中重新进行设置并开启它，操作步骤如图 7-24 所示。

图 7-24

7.3 公式没有返回正确结果应该怎么办

如果公式能正常执行计算，但返回的是一个错误的结果，一般是公式的设置存在问题，可以从以下几个方面进行检查。

7.3.1 检查函数的参数是否设置正确

大多数函数都有参数，参数用来指定参与函数计算的数据以及函数的计算方式。如果在公式中用错了函数或者函数的参数设置不正确，就可能导致公式返回与期望不符的结果。

举个例子：图 7-25 所示为使用 VLOOKUP 函数根据工号查询姓名。

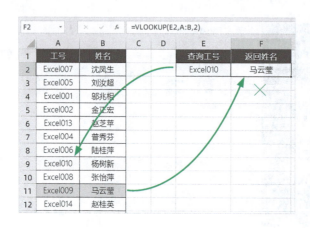

图 7-25

查询的工号是"Excel010"，返回的姓名为什么不是"杨树新"而是"马云莹"？

工号"Excel010"对应的姓名是"杨树新"，但 VLOOKUP 函数返回的姓名却是"马云莹"，就是因为 VLOOKUP 函数的参数设置不正确。

在本例中，我们希望返回的是与查询工号完全匹配的姓名，应该使用 VLOOKUP 函数精确匹配的查询方式，将公式写成：

=VLOOKUP(E2,A:B,2,FALSE)

而本例中的公式却省略了 VLOOKUP 函数的第 4 参数，这样，VLOOKUP 函数使用的是近似匹配的查询方式，返回的结果将不一定是与查询工号完全匹配的姓名。

所以，要保证公式计算不出错，一定要熟悉函数的用法，知道每个参数的用途，保证公式符合自己的问题需求。

7.3.2 检查单元格的引用样式是否正确

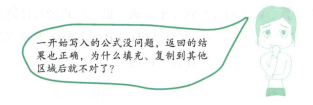

> 一开始写入的公式没问题，返回的结果也正确，为什么填充、复制到其他区域后就不对了？

如果一开始编写的公式没有问题，但填充、复制到其他区域后计算结果不对，很有可能是公式中的单元格地址没有使用正确的引用样式。

如果不同单元格中的公式需要让同一个固定的区域参与计算，公式中表示该区域的地址却使用相对引用，在将公式复制到其他单元格时，所得公式中引用的区域就会发生变化，公式就可能会返回错误的结果，如图 7–26 所示。

=VLOOKUP(E2,A2:B6,2,FALSE)

=VLOOKUP(E3,A3:B7,2,FALSE)

F3 中的公式是通过 F2 单元格复制得到的，在 F2 的公式中，VLOOKUP 函数的第 2 参数是 A2:B6，复制到 F3 后会变为 A3:B7。查询区域改变是函数没能完成查询任务的原因。

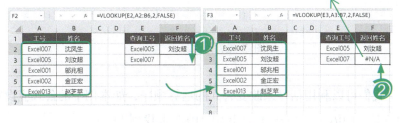

图 7–26

在本例的公式中，为了将 F2 中的公式复制到 F3 后，使所得公式中 VLOOKUP 函数第 2 参数的查询区域不发生改变，第 2 参数区域的单元格地址在行方向上应使用绝对引用。

本例 F2 中的公式应写为

=VLOOKUP(E2,$A$2:$B$6,2,FALSE)

或

=VLOOKUP(E2,A$2:B$6,2,FALSE)

7.3.3 检查公式的运算顺序是否正确

如果公式包含多步计算，设置的计算顺序不正确，也会导致公式计算出错。

举个例子：在图 7-27 所示的表格中，使用 LOOKUP 函数根据工号查询姓名，公式未能完成查询任务，就是因为公式中的运算顺序设置不正确。

“0/A2:A10=E2”中包含“/”和“=”两个运算符，如果要正常完成查询任务，需要先执行“=”（比较运算），但实际上先执行的是“/”（除法运算）。

=IFERROR(LOOKUP(1,0/A2:A10=E2,B2:B10)," 未找到 ")

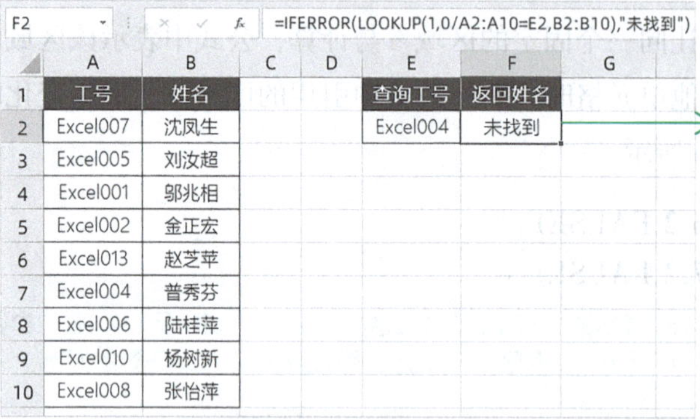

“Excel004”对应的姓名是“普秀芬”，可公式返回的是“未找到”。

图 7-27

与数学运算类似，我们可以利用括号来改变公式的运算顺序，如本例中的公式应设置为

=IFERROR(LOOKUP(1,0/(A2:A10=E2),B2:B10)," 未找到 ")

公式的计算结果如图 7-28 所示。

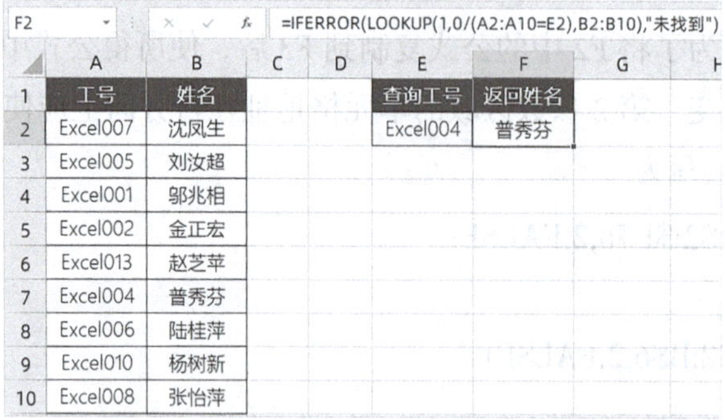

图 7-28

LOOKUP 函数也是一个常用的查询函数，其应用场景十分广泛。尽管在本书中，我们没有对它进行详细介绍，但相信你通过这个例子，能掌握使用它查询数据的基本公式结构。

=LOOKUP(1,0/(条件区域 = 查询条件), 返回值区域)

你可以试试用这个公式结构去代替 VLOOKUP、INDEX 和 MATCH 函数查询数据，多尝试几次，也许你就能掌握。

7.3.4 检查是否使用正确的方法输入数组公式

在 Excel 中，如果一个公式是数组公式，但未按 <Ctrl+Shift+Enter> 组合键确认输入，那么 Excel 将不会按数组公式的方式计算输入的公式，公式也因此可能会返回错误的结果或错误值。

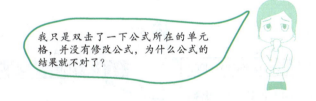

我只是双击了一下公式所在的单元格，并没有修改公式，为什么公式的结果就不对了？

你可能也有过类似的经历：其他人在表格中设置的公式，自己只是双击了一次单元格并未修改公式，可公式返回结果就不对了。完全一样的公式，自己输入单元格中后，返回的结果却和别人不一样……

出现这样的情况，也许因为这是一个数组公式，你不经意的"双击"操作或不正确的公式输入方式，改变了公式的计算方式，让它不能返回正确的结果。

比如，要求 1 到 100 的自然数之和时，可以用下面这个公式：

=SUM(ROW(1:100))

但如果你只是按一般公式的输入方法输入它，就不会得到正确的结果，如图 7–29 所示。

这是一个数组公式，但却未按数组公式的输入方法输入它，所以公式不能完成计算，也未返回正确的结果。

图 7-29

那这个公式应该怎么输入？

我从来没想到过，自己居然会连公式都不会输入……

输入数组公式，需要进入单元格的编辑模式，按 <Ctrl+Shift+Enter> 组合键确认输入公式，如图 7-30 所示。

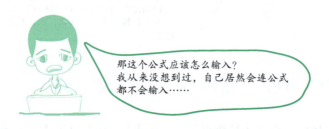

图 7-30

你可能现在还不清楚什么是数组公式，但这并不影响你使用数组公式的输入方式来检查公式计算结果出错的原因。当然，如果你想了解数组公式及其用法，可以阅读其他图书。

7.3.5　注意辨别公式中使用的名称

我经常收到类似图 7-31 所示的问题。

图 7-31

=VLOOKUP(A2,DataTable,2,FALSE)
=INDEX(完成率 ,MATCH(A2, 工号 ,0))

"DataTable" 是什么？是函数吗？为什么在 Excel 的帮助信息里找不到它？

"完成率" 和 "工号" 是文本吗？为什么文本不用写在英文半角的双引号之间？

对于这些奇怪的内容，也许你查询了很多资料也没找到相关信息，但是分析和解读公式时又必须知道它们究竟代表什么意思。

> 如果你在公式中也遇到类似的陌生字符，可以先检查它是否是人为定义的"名称"。

按 <Ctrl+F3> 组合键打开【名称管理器】对话框，可以发现果那串令你感到疑惑的字符在

对话框的名称列表中，如图 7-32 所示。

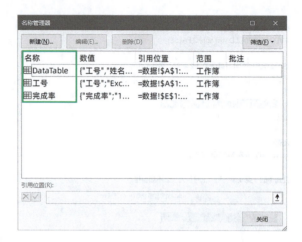

图 7-32

　　恭喜你快找到答案了，公式中的陌生字符是公式作者定义的名称，就像你给宠物取的昵称一样。选中该名称，在对话框中的【引用位置】下方即可看到它代表的区域或数据，如图 7-33 所示。

图 7-33

　　这样，你就知道公式中这些没有写在引号中的特殊字符具体代表什么，有什么用途。

公式出错的原因还有很多，这里不再列举。

但无论是什么原因导致公式出错，当公式出错后，我们都应认真分析公式的每一部分，看在编写公式时是思路走入了什么误区还是违背了什么规则，找到出错点，并进行修正。

7.4 解读公式，这些工具必须了解

7.4.1 公式越长，阅读和理解它的难度也就越大

如果你初学公式，可能会觉得长公式不容易理解。但在使用 Excel 的过程中却无法绕开它，因为我们遇到的问题，并不都是只使用一个简单的公式就能解决的，很多公式都包含了多个函数，执行了多步计算。

比如，你能只用一个工作表函数就方便地取得活动工作表的名称吗？

图 7-34 所示的就是获得活动工作表标签名称的一个公式。

=MID(CELL("filename"),FIND("]",CELL("filename"))+1,255)

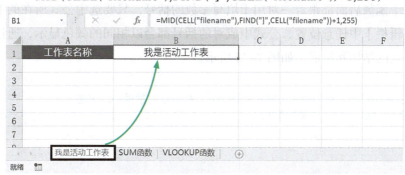

图 7-34

这个公式用到了两个 CELL 函数、一个 FIND 函数和一个 MID 函数。其中，两个 CELL 函数分别是 MID 函数的第 1 参数和 FIND 函数的第 2 参数，而 FIND 函数同时是 MID 函数的第 2 参数。

像这种**将一个函数设置为另一个函数参数的用法，称为嵌套使用函数。**

嵌套使用函数能增强公式解决问题的能力，但也会增加编写、阅读和理解公式的难度。要快速地找到一个公式（特别是长公式）中存在的错误设置，就需要读懂这个公式，了解公式中各部分的用途，公式中各部分的设置是否符合解决问题的需求。

因此，无论是为了提高编写公式的能力，还是为了便于查找公式存在的错误，解读公式都是学习函数公式的过程中不可缺少的一项内容。

7.4.2　借助【编辑栏】了解公式的结构

公式越长，包含的函数、运算符以及执行的计算就可能越多。要读懂一个公式，首先应从公式的结构入手，弄清这个公式由哪些函数或数据组成，每个函数的参数是什么，返回什么结果。

要弄清公式的结构和组成，其实有简单、快捷的方法。

公式中每个函数后面都跟着一对用于填写参数的括号，只要选中公式所在的单元格，将光标定位到【编辑栏】中任意位置，公式中成对的括号都会以相同的颜色显示，通过括号的颜色能方便了解公式的结构和组成，如图 7–35 所示。

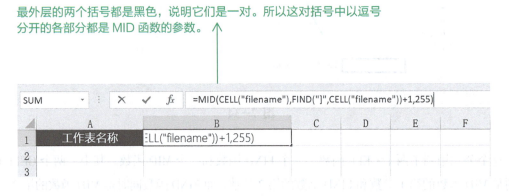

图 7–35

如果想知道某个函数包含哪些参数，可以将光标定位到函数后的括号中，这样，Excel 会在屏幕上显示该函数的所有参数信息，图 7-36 所示为 MID 函数的参数信息。

在这里可以看到 MID 函数一共有 3 个参数，每个参数用逗号分隔。

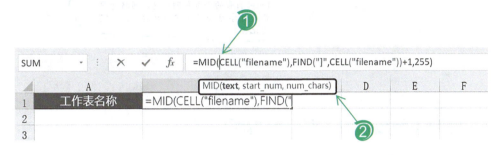

图 7-36

这时，选中提示信息中的某个参数，Excel 会在【编辑栏】中将对应的参数"抹黑"，如图 7-37 所示。

在提示信息中单击 MID 函数第 2 参数的位置，【编辑栏】中被"抹黑"
的部分就是该函数的第 2 参数。

图 7-37

按这种方式将公式从外往里对函数进行拆分，再由内到外逐层分析各个函数，将各部分返回的结果按对应的位置重新组装成新公式，就能了解整个公式的结构了。

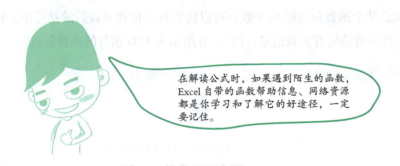

在解读公式时，如果遇到陌生的函数，Excel 自带的函数帮助信息、网络资源都是你学习和了解它的好途径，一定要记住。

7.4.3　借助【函数参数】对话框拆解公式

【函数参数】对话框是分析函数结构的另一个工具。

选中公式所在的单元格，将光标定位到【编辑栏】中公式的任意地方，在菜单栏中选择【公式】→【插入函数】命令，即可调出【函数参数】对话框。这样就能在【函数参数】对话框中看到光标所在位置函数的各个参数的信息了，如图 7-38 所示。

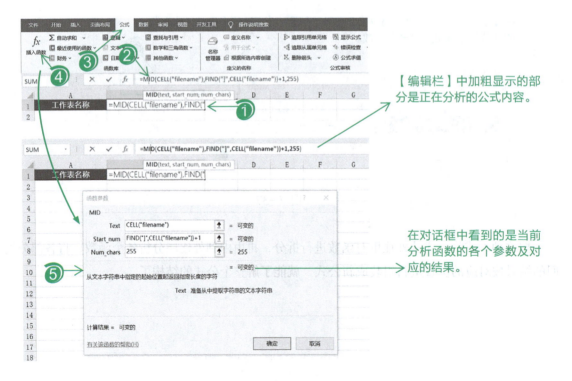

图 7-38

也可以直接单击【编辑栏】左侧的【插入函数】按钮（见图7-39）来调出【插入函数】对话框，进而调出【函数参数】对话框。

图 7-39

但是需要注意【编辑栏】中光标的位置。光标的位置不同，【函数参数】对话框中显示的信息不一定相同。如果调出【函数参数】对话框后，发现其中显示的不是自己想分析的函数，只需在打开该对话框时，在【编辑栏】中将光标定位到想分析的函数中间，对话框中的信息就会自动改变。

可以在【函数参数】对话框中清楚地看到函数的每个参数是什么、返回什么结果，当公式中有多个函数时还可以快速切换分析对象，这是使用【函数参数】对话框分析和解读公式的优势。

7.4.4 借助 <F9> 键查看某部分公式的计算结果

键盘上的 <F9> 键有一门"绝技"：只要在【编辑栏】中选中公式中的某一部分，按 <F9> 键，这部分公式的计算结果会变成图 7-40 所示的样子。

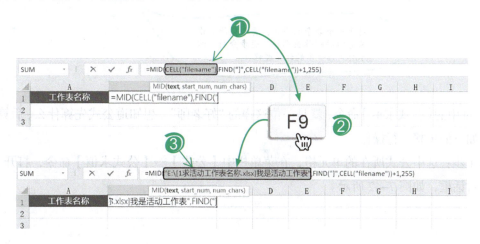

图 7-40

<F9> 键是最常用的解读和分析公式的工具之一，使用它能方便地查看公式中每个函数或部分公式的计算结果，以此发现公式中可能存在的错误，并对存在的错误进行纠正。

注意

当不再继续分析公式时，一定要记得单击【编辑栏】左侧的【取消】按钮，将公式恢复原样，否则公式会保存求值后的样子，如图 7-41 所示。

这就是【取消】按钮，也可以按 <Esc> 键退出对公式的编辑，效果与单击该按钮相同。

图 7-41

7.4.5 借助【公式求值】命令观察公式的计算过程

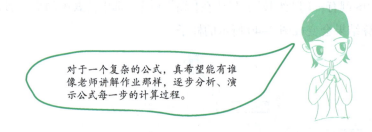

对于一个复杂的公式，真希望能有谁像老师讲解作业那样，逐步分析、演示公式每一步的计算过程。

Excel 中的【公式求值】命令，就是一位这样的"好老师"。想知道公式先算什么、后算什么，可以按如下的步骤进行操作。

第 1 步：选中公式所在的单元格，在菜单栏中【公式】→【公式求值】命令，打开【公式求值】对话框，如图 7-42 所示。

在这里可以看到活动单元格中的公式，其中带下划线的是公式即将计算的部分。

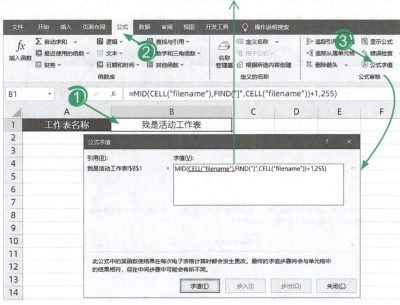

图 7-42

第 2 步：单击该对话框中的【求值】按钮，Excel 会自动计算带下划线部分的公式，返回计算的结果，如图 7-43 所示。

计算完带下划线部分的公式后，Excel 会为接下来要计算的部分公式添加下划线。

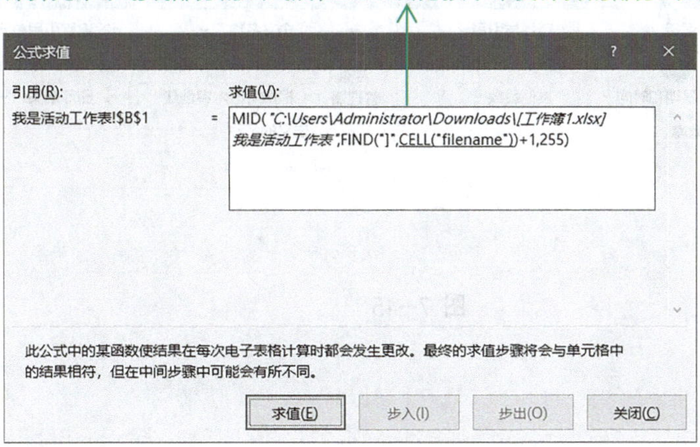

图 7-43

单击【求值】按钮，Excel 会按顺序逐步对公式进行计算，将公式每一步的计算结果展示出来。直到【求值】按钮变为【重新启动】按钮，对话框中显示的就是公式的最终结果，如图 7-44 所示。

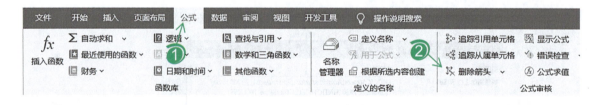

图 7-44

此时，单击该对话框中的【重新启动】按钮可以再次查看公式的计算结果，单击【关闭】按钮可以关闭对话框，整个计算的过程不会对单元格中的公式造成任何影响。

除此之外，在【公式】选项卡的【公式审核】组内，也提供了一些用于公式审核和调试的工具，用好它们会为公式的查错、纠错工作带来许多便利，如图 7-45 所示。

图 7-45